追跡・沖縄の枯れ葉剤

埋もれた戦争犯罪を掘り起こす

ジョン・ミッチェル 著
Jon Mitchell

阿部小涼 訳
Abe Kosuzu

高文研

もくじ

プロローグ

二〇一三年六月、沖縄市　9
第一次大戦と化学兵器　12
沖縄とエージェント・オレンジ　14

第I章　エージェント・オレンジ―半世紀の嘘

事の起こり　18
冷戦下での秘密研究　20
ヴェトナム―実験室にされた国　22
ランチハンド作戦―上空からの眺め　26
地上では　29
毒物　32
オキナワ・バクテリア　34
過去の嘘に追いつかれる米国防省　39
否認、隠蔽、改ざん―米国の犠牲者たち　41
一九九一年、退役米兵に限定的な補償が始まる　43
ヴェトナムの被害者たち　44
嘘は繰り返される―沖縄　48

第Ⅱ章　ヴェトナム戦争と沖縄

忘れられた島　51
太平洋の要石　52
ヴェトナム戦争　55
事故　61
ジャーナリスト　62
一九六八年、読谷　64
枚挙にいとまない汚染や事故　66
沖縄のエージェント・オレンジ―沈黙　68

第Ⅲ章　元米兵が語り始める

二〇〇七年、共同通信ニュース　72
調査の開始　74
最初に声を上げた退役兵たち　77
帰還兵（アライバルズ）たち　78
ジェームズ・スペンサーの損なわれた健康　81
那覇軍港の荷おろしから備蓄まで―ラリー・カールソン　83
退役軍人省、補償金を打ち切る　85
拡大する犯罪現場　88
天願桟橋とホワイト・ビーチ―スティーヴ・エイキン　89

泡瀬通信施設は見栄え良くなったんだ―ジョー・シパラ　91
子供たちとその未来　94
家族三世代に及ぶ影響―リック・デウィーズ、カエテ・ガーツ　97
ＳＮＳコミュニティ Agent Orange Okinawa　100
キャンプ・マーシーの犬たち―ドン・シュナイダー　103
北部訓練場で何かの実験？―ドン・ヒースコート　106
キャンプ・シュワブでの目撃証言―ロン・フレイザー　107
私はただ命令通りにやったのです―ジョン・サンティアゴ　108
枯れ葉剤のドラム缶が積み上がっていた―スコット・パートン　111
写真は多くを物語る　112
医療補償を勝ち取ったもう一人の退役兵　115
ずぶ濡れになっての詰め替え作業―リンゼイ・ピーターソン　116
埋却された証拠―スミス　117

第Ⅳ章　沖縄住民への影響

終わらないヴェトナム戦争　124
高江再訪　126
やんばる―汚染された水がめ　131
沖縄平和運動の揺籃の地と枯れ葉剤　132
千の言葉も一葉の写真に如かず　135

二〇一一年一一月、辺野古での報告・交流会 137
エージェント・オレンジ・マニア 140
軍雇用員の証言 143
一九六八年、天願桟橋 147
子供が犠牲に 148

第Ⅴ章　文書に残された足跡

戦争犯罪の立件に向けて 154
なおも続く否定回答 155
失意の日々 157
数の力 158
抱え込んだ大量の在庫―フォート・デトリック報告書 161
嘉手納―積み重なる証拠文書 164

第Ⅵ章　沖縄、エージェント・オレンジ、レッド・ハット作戦

一九六九年七月、重大事故発生 172
ジョンストン島 174
レッド・ハット作戦公式記録 175
レッド・ハット作戦オルタナティヴ版―トム・ウェストフォール 178
作戦には除草剤も含まれていました―フリオ・バティスタ 182

一八点の消えた報告書　184
米国防省のPRスタント演技、裏目に　188
沖縄のエージェント・オレンジ「二万五千本」　189
証拠を洋上で燃やす　193

第Ⅶ章　普天間飛行場―汚された沖縄の未来

二〇一二年、春　196
世界で最も危険な基地　200
一九七五年、普天間―カルロス・ガライ　202
一九八一年、普天間―クリス・ロバーツ　204
開かずの箱、普天間飛行場　209
グアム―汚れた鉈の切っ先　210
普天間飛行場の影響評価　212
普天間の未来―汚染された夢　215

第Ⅷ章　決定的証拠の行方

夜明け前の闇　218
ヤング博士の否定を検証する　220
沖縄市の事件現場　222
検査結果が証明した動かしがたい証拠　225

想定された反撃 226
ダイオキシン汚染はフェンスで囲えない 229
さらに五〇本以上のドラム缶と口を開いた退役少佐―ロナルド・トーマス 232
米国人の子供の病 234
ダナン市 235
知らされないことの恐怖 238
冷血の経済学 240

エピローグ

正義への道 243
よくやったことへの報い 245
最後[期]のことば―ジェリー・モーラーの手紙 246

訳者あとがき

「枯れ葉剤」と「散布」 249
ジョン・ミッチェルと沖縄 251
沖縄枯れ葉剤問題の現状 252

本書関連参考資料 254

装丁＝商業デザインセンター・増田 絵里

【凡例】

1、本書で採り上げる軍用除草剤についての訳語は次の通りとした。
herbicide：除草剤。一般家庭用でも用いられる化学薬品の総称。米軍が軍事目的で多種を開発、使用した。
defoliant：枯れ葉剤。葉に散布して落葉・枯死させる効力のある除草剤の総称。落葉剤。ヴェトナム戦争などで化学兵器として使用された軍用除草剤。色名で識別したため「虹色の除草剤」とも言われる。
Agent Orange：エージェント・オレンジ。最も毒性が高いとされる枯れ葉剤の種類。日本語の文献では「オレンジ剤」あるいは、単に「枯れ葉剤」の総称で訳されている。

2、ヴェトナム戦争時、航空機などを使用した大規模で広範囲にわたる散布は「撒布（さっぷ）」、バックパック装備から人の手によって撒かれる場合は「噴霧」と訳し分けた。

3、通貨についてはドル、円ともに換算を行わず原文通りのまま訳出した。

4、その他の原文と訳語の対応は次の通り。
United States of America：米国ないしアメリカ合州国　Washington：米国政府
Tokyo：日本政府　Department of Defense（DoD）：米国防省
Department of Veterans Affairs（VA）：退役軍人省

5、文中の（注）（＊）は、（注）＝著者の注、（＊）＝訳者の注として、節末に記載した。

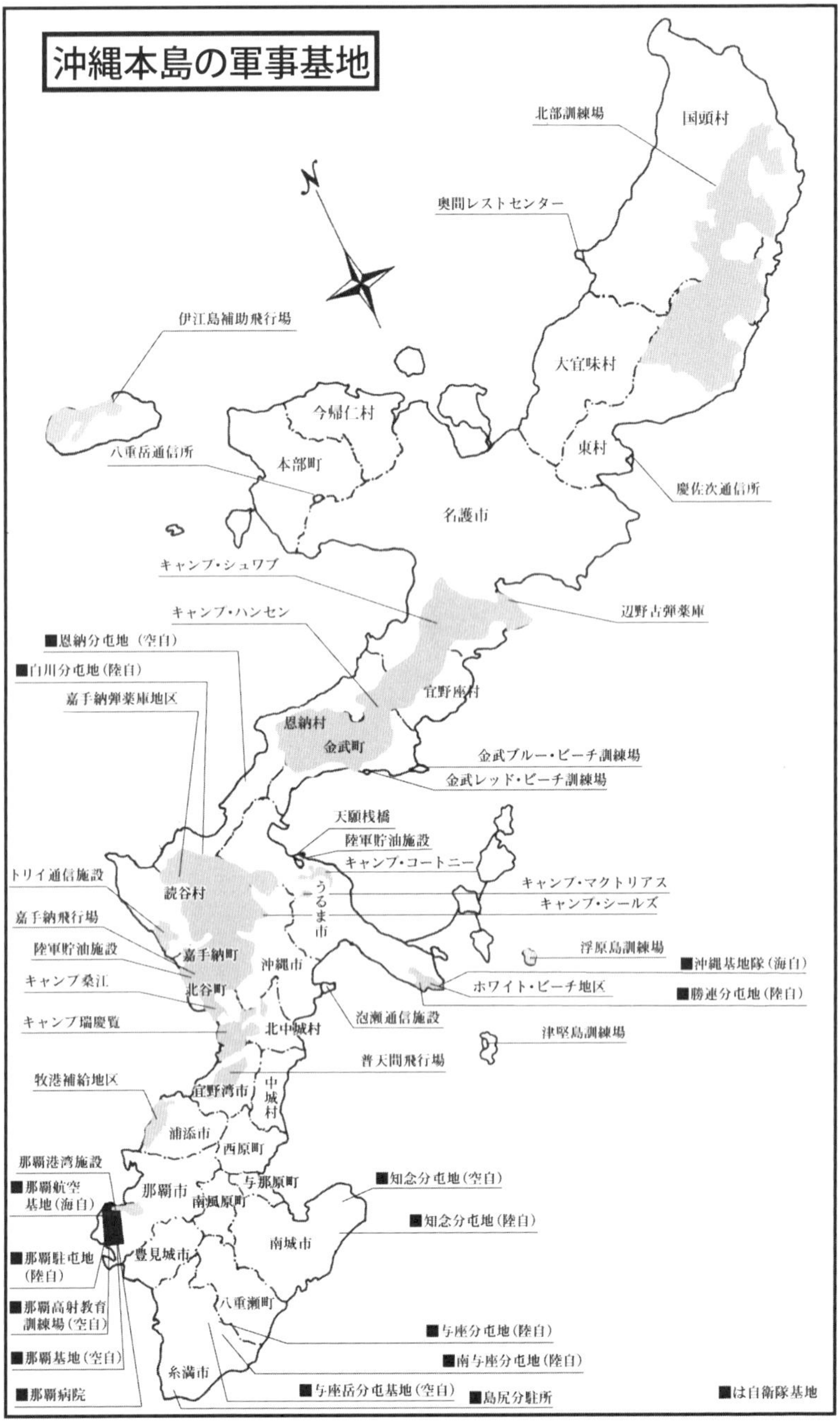
沖縄本島の軍事基地
N
北部訓練場
国頭村
奥間レストセンター
伊江島補助飛行場
大宜味村
今帰仁村
東村
八重岳通信所
本部町
慶佐次通信所
名護市
キャンプ・シュワブ
辺野古弾薬庫
キャンプ・ハンセン
■恩納分屯地（空自）
■白川分屯地（陸自）
宜野座村
嘉手納弾薬庫地区
恩納村
金武町
金武ブルー・ビーチ訓練場
金武レッド・ビーチ訓練場
天願桟橋
陸軍貯油施設
キャンプ・コートニー
トリイ通信施設
読谷村
うるま市
キャンプ・マクトリアス
キャンプ・シールズ
嘉手納飛行場
陸軍貯油施設
嘉手納町
浮原島訓練場
■沖縄基地隊（海自）
沖縄市
キャンプ桑江
北谷町
ホワイト・ビーチ地区
■勝連分屯地（陸自）
キャンプ瑞慶覧
泡瀬通信施設
北中城村
津堅島訓練場
普天間飛行場
牧港補給地区
宜野湾市
中城村
浦添市
西原町
那覇港湾施設
■那覇航空基地（海自）
与那原町
■知念分屯地（空自）
那覇市
南風原町
■知念分屯地（陸自）
■那覇駐屯地（陸自）
豊見城市
南城市
■那覇高射教育訓練場（空自）
八重瀬町
■与座分屯地（陸自）
■那覇基地（空自）
■南与座分屯地（陸自）
糸満市
■那覇病院
■与座岳分屯基地（空自）
■島尻分駐所
■は自衛隊基地

プロローグ

二〇一三年六月、沖縄市

ゴールポストやコーナーフラッグ、キックしたボールが飛び出さないように備え付けられた背の高い黒いネット……。沖縄市にあるコザ運動公園サッカー競技場は、日本のどこにでもある、ありふれたサッカー場だ。晴れの日も雨の日も、中高校生の部活やアマチュア・チームがプレイし、両サイドのティア・スタンドは家族や友だちの応援で賑わう。

スタンドから見渡せるのは眼下のゲームだけではない。最上段に登ればフェンスの向こうに米軍の嘉手納(かでな)空軍基地が一望できる。太平洋地域における米空軍最大の駐留地であり、一九六〇年代から七〇年代にかけて、アメリカがヴェトナム戦争を遂行する上で戦略の要衝として機能してきた。格納庫(バンカー)に弾薬を備え、滑走路からは東南アジアを爆撃したB52爆撃機が飛び立った。

かつては嘉手納空軍基地の一角だったこのサッカー場は、一九八七年、民間に返還された小さな区画だった。それから何年もの間に数多くの選手たちがプレイしたが、誰一人として、スパイクの足下に何が埋まっているのか知るよしもなかった。

二〇一三年六月、サッカー場の改修工事が始まった。いわゆる「アストロターフ」のような新型

2013年6月、沖縄市のサッカー場で錆びたドラム缶が発掘された

人工芝を導入し、スプリンクラー・システムを埋め込む計画は、速やかに終了すると思われた。作業員が工事現場に入り、ゴールポストを動かして古い芝生を掘り起こし、新しい人工芝を張るために区画割りをして、目印の杭打ちをしていた。ゴールライン付近を掘っていると、表面からおよそ一メートルほどの深さで金属に触れた。

沖縄でこの種の発見は常に恐怖を伴う。この島には第二次大戦時の不発弾が、いまだに何百トンも埋まったままなのだ。だが作業員が掘り当てたものは爆弾ではなく、ドラム缶だった。そしてこの後、さらに十数本が掘り出された。

錆びたドラム缶の多くは崩れて原型をとどめないほどだった。ただ、そのうちの数本の側面に白いペンキで書かれた「ダウ・ケミカル」という社名と、明らかにこのドラム缶の出所と思

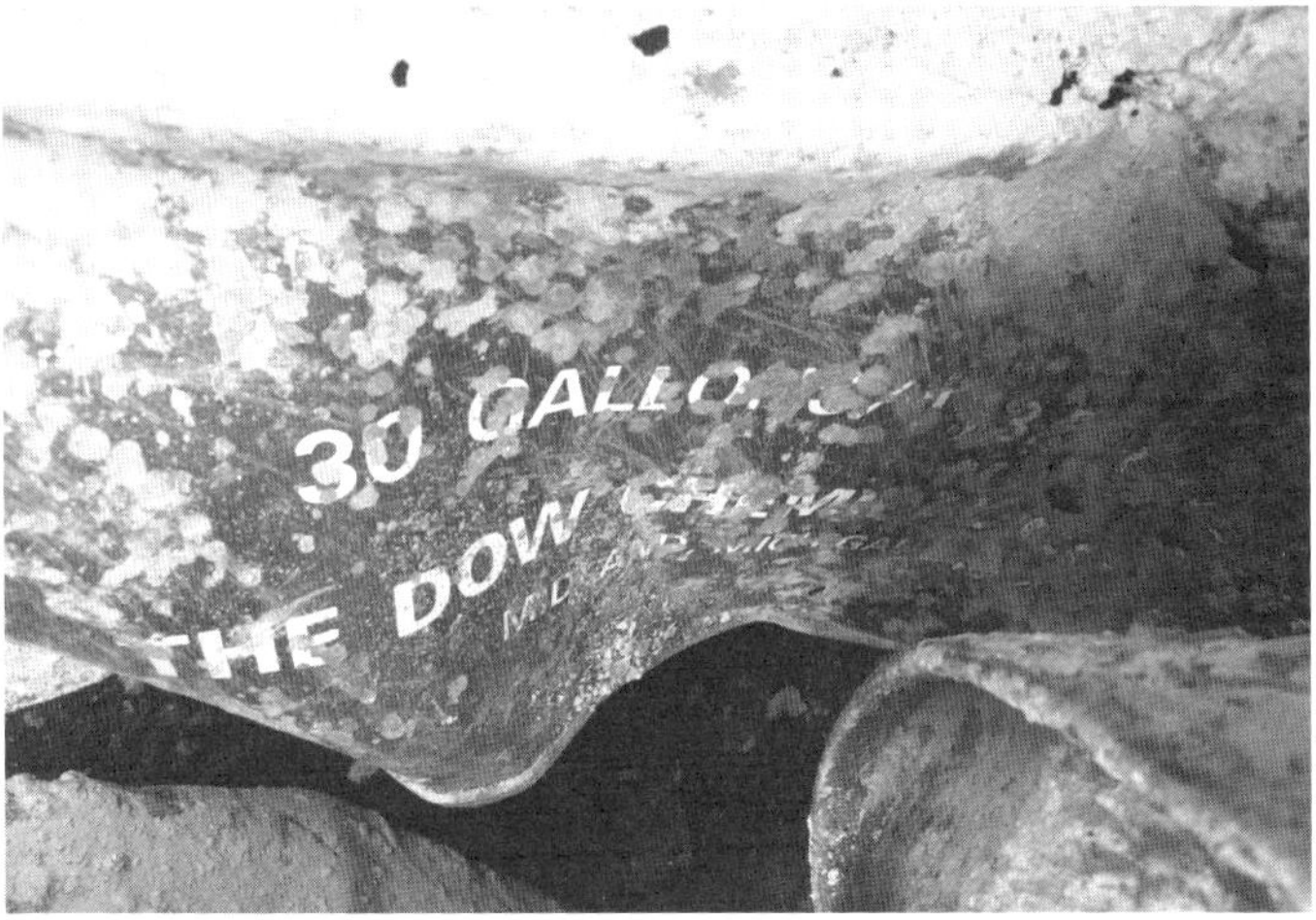

ドラム缶に白いペンキで書かれたダウ・ケミカル社の社名が読める

しき同社の工場、「ミシガン、ミッドランド」の文字が判読できた。発掘物が不発弾ではなかったというつかの間の安堵(あんど)が一転して恐怖に変わる。ダウ・ケミカルといえば一九六〇年代から七〇年代、ミッドランドの工場で、東南アジアにおけるアメリカの戦争のための毒物を製造していた会社だ。その猛毒の化学物質は、何百万もの人びととその子供、さらに孫たちまでをも病に陥れ、ヴェトナムの大地を現在もなお汚染し続けている。

すぐに、コザ運動公園サッカー競技場は「立ち入り禁止」の黄色いテープで封鎖された。白い防護服に身を包んだ作業員が現場に降り立ち、ドラム缶から土壌サンプルを採取し、周辺の水を試験管に集めた。仮設テントが設営され、採取した物質を日本本土の研究施設に送る作業が行われた(*)。

つい数週間前まで、このピッチには子供たちのにぎやかな声が響いていた。しかし今では、通り過ぎる人はみな、「例の犯罪疑惑の現場だな」という視線を投げかけている。この場所には、東西冷戦期の日本にあった秘密、ともすれば、多数の人びとを殺戮した罪で米国に何十億ドルもの賠償を課すことになる「証拠」が保存されているのである。

枯れ葉剤の一種「エージェント・オレンジ」が沖縄で発見されたのか——このドラム缶こそは、私がこの四年間ずっとこじ開けようとした犯罪の証拠ではないのか。

（*）沖縄県内二紙の初発報道は次の通り。「地中からドラム缶　サッカー場工事現場　異臭、米軍遺棄物か　沖縄市」『琉球新報』二〇一三年六月一三日二七面。「サッカー場地中異臭のドラム缶　沖縄市嘉手納基地返還地」『沖縄タイムス』二〇一三年六月一六日二九面。この後、断続的に経過報道が続いた。

第一次大戦と化学兵器

化学兵器に対する私の憎悪の原点はごく個人的なものだ。私の高祖父（一八九〇年頃生まれの祖母の祖父）は毒ガスによる大量殺戮（さつりく）を最初に目の当たりにしたひとりだった。一九一四年から一八年の第一次大戦中、ヨーロッパの戦場であらゆる陣営は塩素ガス、マスタードガスを含む何千トンもの毒ガスを投入し、約九万人を殺戮、負傷者は百万人に上った。高祖父は被曝しながらも一命を取り留めたが、息が詰まり視界を奪われ、皮膚に嚢胞（のうほう）を発疹しながら死んでいった同僚兵士たちを目撃したという。母からこの話を伝え聞いた時の恐怖が、今もなお私に取り憑（つ）いている。

あらゆる戦争は非人道的なものだが、化学兵器の使用はとりわけ憎むべきものだ。毒は無差別に大勢の人びとを悪夢のような方法で殺戮する。一番の犠牲者は、軍用ガスマスクや安全装備を持たずに危険物に曝（さら）される民間人だ。化学兵器によって、科学は、その依って立つ根底を掘り崩し、殺戮という目的に乗っ取られてしまう。

エージェント・オレンジは、この野蛮さの縮図であり、ヴェトナム戦争で、人類史上かつてない規模で行われた化学兵器作戦の主力兵器であった。一九六一年から七一年まで、米軍は敵から食糧生産を奪い、敵が身を潜めるジャングルを破壊する目的で、大量の除草剤を撒布（さっぷ）した。エージェント・オレンジが植生を破壊するだけでなく、人体にも有害であることに米国防省は気付いていた。その毒の影響は直接に被曝した者から次世代にまで及んでいる。

一九七四年にウェールズで生まれた私は、ヴェトナム戦争終結時にはまだ子供だった。だが、十代になってはじめてエージェント・オレンジのことを耳にして慄然（りつぜん）とした。高祖父の無残な戦争体験を思い出し、より多くのことを知らなければならないと駆り立てられた。手に入る本は片っ端から読み漁り、写真展に行き、自分にも何か出来ることはないかと、ロンドンのヴェトナム大使館に手紙を書き送ったものだった。

大学に入ると、私はエージェント・オレンジとヴェトナム戦争への関心から、アメリカン・スタディーズを専攻した。卒業して一年が過ぎ、縁あって日本に来た私は、ヴェトナム戦争で決定的な役割を果たした島に関心を寄せるようになる。それが沖縄だった。

沖縄とエージェント・オレンジ

二一世紀に入ってもなお沖縄にのしかかる軍事プレゼンスの重圧を知るにつけ、あたかもアメリカがヴェトナム戦争で敗北しなかったかのような、「平行世界(パラレルユニヴァース)」を見ているような錯覚すら覚える。この矛盾に満ちた状況に対する義憤から、私は少しずつ英字新聞で沖縄に関する記事を書くようになった。

こうして、調査目的で沖縄を訪れるようになった私は、二〇一〇年九月、沖縄島北部の「やんばるの森」に囲まれた東村(ひがしそん)・高江(たかえ)を訪れた際に、エージェント・オレンジ使用に関する最初の手がかりに遭遇した。高江は経済的には恵まれているとは言えない小さな集落のひとつだ。だが自然環境では想像を超えた豊かさに満ちている。世界中のどこにもない動植物が暮らす森が、沖縄島の生活用水の半分を湛(たた)えている。しかしそこは、世界最大級の米軍のジャングル戦闘訓練施設・北部訓練場を擁するところでもある。一九五七年の使用開始以来、高江の住民は、低空飛行するヘリコプターの騒音や、事件事故の恒常的な恐怖に耐えながら暮らすことを強いられてきた。

住民がさらなる環境悪化の脅威に直面したのは、私が高江を訪れる三年前のことだった。日本の新聞が、「やんばるの森でエージェント・オレンジが使用されていた」と報道したのだ。Ⅲ章でみるように二〇〇七年七月、共同通信は、「一九六〇年代初頭に、米軍がやんばるを通る道路脇の除草にエージェント・オレンジを散布していた」と配信した。

この毒物を噴霧した米兵が病に冒された事実を報道したこの記事は、一件の米国政府機関による証拠文書に基づくものだったが、間もなくメディアの注目は失われ、じきに忘れ去られた。

だが高江の住民はそうではなかった。エージェント・オレンジが使用されたと報道されたやんばるの森に暮らす高江の人びとは懸念したのだ。化学物質は今でも土壌を汚染しているのではないか、そこで農業を営み、ましてや島全体を潤す水源地でもあるのに、と。

私がはじめて高江を訪問した二〇一〇年、住民は、「北部訓練場内でヴェトナム戦争中にエージェント・オレンジを使ったという噂が絶えない」と語った。この時の胸を締め付けられるような思いは、それ以来、離れることがない。高江は「犯罪」の現場だった。この美しい土地と心優しい人びとに対してどんな不正が行われたのか。人びとが攻撃されたのに、誰も助けようとしなかったのか――。この思いが、四年間の私の調査の原動力となっている。

東京に戻ると私はすぐに、沖縄におけるエージェント・オレンジ使用の調査を開始した。手がかりを得るため、何十通もの手紙、何百という電子メールを書いた。アメリカに向けた深夜の長距離電話があまりに頻繁なので、妻は私に何か隠し事があるのではないかと疑ったほどだった。

歳月を費やして手がかりを求め、世界中をめぐった。合州国に行って退役兵へのインタビューを敢行し、ヴェトナムに行って毒物の有害性を最初に疑った医師に面会した。その過程でさまざまな調査研究者の助言を受けた。そこには引退した刑事、環境科学者、政府の内部告発者、元ＣＩＡ職員などの助言も含まれる。私は回を重ねて沖縄に向かい、住民と話し、危険性について発見があればその都度、情報を更新した。

こうして、ぼんやりとではあるが、沖縄におけるエージェント・オレンジ使用の全体像が見えてきた。この化学物質はある特定の期間に、特定の規模で、この島で使用された。何千人もの米兵と数え切れない沖縄の民間人を毒薬で侵してきた。現在も日常的に米国の軍人と沖縄の人びとの健康を危機にさらしているという、否定し難い証拠も見つかった。

私の発見した事実は沖縄の日刊新聞の一面を飾り、夕方のテレビニュースのトップでも報道された。四本のテレビ・ドキュメンタリー番組の基礎資料となった（それらの番組のひとつが琉球朝日放送「枯れ葉剤を浴びた島：ベトナムと沖縄・元米軍人の証言」［日本民間放送連盟賞受賞］である）。

その当然の帰結として、私の調査報道は権力の中枢に届くことになる。国会議員がこの問題で質問をして、外務省の公式見解を引き出すに至った。

そして二〇一三年二月、米国防省は私のリサーチに関して九カ月に及ぶ真相究明を実施した。数え切れない無辜（むこ）の人びとを害してきたエージェント・オレンジは、日米関係にも波及する可能性がある、そのように米国政府が察知した、これは確かな兆候であると言える。

本書は、沖縄におけるエージェント・オレンジについての、私の四年間に及ぶリサーチの集大成である。証言や写真、文書のなかには、本書ではじめて明らかにするものも含まれている。沖縄におけるエージェント・オレンジの使用は、前代未聞の犯罪であり、米国政府がそれを隠し続けるならば、日米関係の根幹に深刻な影響を及ぼしかねない。

第Ⅰ章

エージェント・オレンジ──半世紀の嘘

事の起こり

エージェント・オレンジは、元はと言えば、より良い世界を願う科学者の動機が創り出した発明だった。一九二〇年代から三〇年代、農産物の増産方法を調査していた英米の研究者たちが、ホルモンに似た物質によって植物の生長を操作できることを発見した。人工的に調整・適合させれば、より多くの収穫を得る可能性が生まれる。だが使用を誤れば、そうした物質は制御不能の悪循環に陥り、植物を枯死させるということもまた、同じ科学者が発見した事実であった。

この破壊力に注目したのが米軍だった。兵器として利用可能な新技術を探し求めていた米軍は、このような化合物を使って敵の食糧生産を破壊し、ひいては敵国を飢餓に陥れることもできると考えた。必要なのは除草剤開発の共同研究であり、安穏(あんのん)と仕事をする科学者をそこに惹(ひ)き付けるための資金であった。

第二次世界大戦の勃発が米軍に追い風となった。原子爆弾の開発・製造のための「マンハッタン計画」が、平和主義の物理学者たちを原爆開発に巻き込んだのと同じやり方で、強力な除草剤開発という使命が、多くの植物学者たちの愛国心を満足させ、また「裏書きのない小切手」によってその研究資金を満たしたのである。メリーランド州フォート・デトリックに拠点を定めた米軍は、前例のない生物化学兵器実験に着手した。この計画の代表者曰く、「あらゆる生体作用物質やそこから生まれる毒性物質について、人体、動物、植物に病原性を示すものなら何でも検討した」という。(注1)

第二次大戦中、植物を枯らすいくつもの物質が試験された。その中で軍の使用目的に適うと考えられた二種類の除草剤が、2,4ジクロロフェノキシ酢酸（2,4-D）と、2,4,5トリクロロフェノキシ酢酸（2,4,5-T）である。この二つの物質が、二〇年後のヴェトナム戦争で米軍が使用したことであまりにも有名な、あの除草剤に含まれる主要物質となった。

一九四五年、米軍はフォート・デトリック研究の成果を太平洋戦線で実行に移す計画を立てた。アメリカ人の人命が失われ、戦争への大衆の支持を損なう恐れがあったからである。米国防省は炭疽菌、すなわち死をもたらす病原となるバクテリアを充填した容器の搭載可能な爆弾を何万発も発注し、日本への投下に備えていた。同時に太平洋の島嶼に向けては、開発した除草剤を導入し、日本軍を降伏させる青写真が構想されていた。私の見た資料のなかで、米軍はサイパンで実行に移したとの記述もあるが、米国防省はこの件については、固く口を閉ざしたままである。

アメリカが、日本に対してこの生物化学兵器を使用することに躊躇した様子はなかった。実行に移されなかったのは、「マンハッタン計画」の方が先に成功したからだった。広島と長崎への原爆投下で、生物化学攻撃の必要が無くなったからに過ぎない。核兵器と生物科学兵器はいずれも土地を汚染し、将来の世代にわたって被害を及ぼすという点で嘆かわしいほど似ている。民間人はモルモットにされた。そしてこれらの実験兵器がもたらす長期的な結論は、今日なお、本当の意味で明らかにはなっていない。

（注1）フォート・デトリック研究所については例えば以下を参照。George W. Merck, "Activities of the United States in the Field of Biological Warfare", National Archives, Loc. 390/40/01/05. Undated draft report c. October 1945.

冷戦下での秘密研究

第二次大戦後、すぐにアメリカ合州国とソヴィエト連邦は天文学的な費用を掛けて、さらに壊滅的な大量破壊兵器の生産競争を始めた。一九四九年、ソ連初の核実験が記録され、一九五二年、米国は最初の水爆を爆発させた。核兵器開発競争については数多くの記録があるだろう。

一方、両国の生物化学兵器開発については未だ知られざる部分が多い。第二次大戦期にドイツと日本の科学者の共同作業で進められ、一九四五年以降は、その成果を掠め取った合州国とソヴィエト連邦がこれを引き継いだ。しかし、研究・開発は厳しい機密の下に実施された。一九二五年に締結されたジュネーヴ議定書をはじめとする生物化学兵器禁止を取り決めた国際条約に抵触する恐れがあったからである。

今日もなお、合州国の生物化学兵器研究の多くが秘密裡に行われている。しかし記録で確認できるだけでいえば、フォート・デトリックでの実験が驚くべきペースで挙行されたのは冷戦期であり、その生物実験はペストやコレラから脳炎など多岐に及んでいた。

化学兵器研究は三つのカテゴリーに分類される。皮膚や肺を傷つけて殺傷する物質、窒息を引き起こすもの、そして神経伝達遮断を引き起こすものである。除草剤研究は、確実にここに連なるものとして行われていた。そのうちの数種はさらに高度な機密下に置かれ、化学物質の人体試験が行われた。

これまでに入手できた記録によれば、米国防省は除草剤を実戦で試すことに、ことのほか熱心だった。一九五二年、朝鮮戦争の最中には五千本のドラム缶に詰めた化学物質を、当時の沖縄同様、米軍植民地であったグアムへ輸送している。除草剤はグアムで備蓄され対北朝鮮向けの配備が整っていた。しかし、再び、戦闘の終結が米国防省の計画の妨げとなった。停戦の後、その備蓄の行方は明らかではない。

朝鮮戦争の後、合州国は軍用除草剤の開発に拍車をかけた。実験の多くは「アジャイル計画(Project AGILE)」と呼ばれるＣＩＡの関与の影がつきまとう軍事作戦の下に実施された(注1)。ＣＩＡと言えば、「ブービートラップ」(撤退する部隊が警戒線に残す罠、一見無害なものに仕掛けて油断した兵士が触れると爆発する)や、「心理プロパガンダ作戦」などの、奇抜な戦略技術も所掌(しょしょう)したことで知られる。

アジャイル計画に参加した科学者たちは、除草剤の主に二つの側面に焦点を絞っていた。異なる植生に適合する物質の配合、そして効果的に撒布する装置である。試験は合州国本土のほか、場所は特定できないが、海外のどこかで行われた。

一九六一年から六二年、米国防省は、感染性が高く作物に大きな被害をもたらすいもち病の生物兵器試験を沖縄で実施している。詳細は公開されていないが、名護、首里、石川で実施された試験は一千回にも上ったというから、それなりの結果を得られたと見られる。(注2)(*)

だが米軍は、植物を攻撃する化合物を実戦で用いる機会がないことに不満を抱いていた。研究所で使われた何百万ドルという経費を正当化する必要にも迫られていた。そこへ、新しい戦争の最前線で実戦配備をする好機が、救いの手のごとく差し伸べられたのだ。すなわち、ヴェトナムである。

(注1) アジャイル計画については、著者が情報提供を受けた文書による。Advanced Research Projects Agency, "Project AGILE - Counter Insurgency. Quarterly Report, 1 July - 30 September 1962", 11 October 1962.

(注2) いもち病菌の実験については、United States Army Biological Laboratories, "Technical Report 60: Rice Blast Epiphytology (U)". By Thomas H. Barksdale and Marian W. Jones, Fort Detrick, June 1965, (September 2014, Available at: 〈http://www.dtic.mil/dtic/tr/fulltext/u2/362021.pdf〉).

(*) その後二〇一四年になって共同通信がこのニュースを配信している。「米軍、沖縄で生物兵器実験　六〇年代、いもち病菌散布」共同通信配信二〇一四年一月一二日。

ヴェトナム—実験室にされた国

一九五〇年代から六〇年代、米国政府は、勝ち残るのはいずれか一方だけという、国際共産主義との戦いに介入しているつもりになっていた。この「世界観」は、一九六九年の「吾々の当地に在留する目的」と題された在琉球米陸軍(USARIS)文書によく現れている。(注1)(*)

何年も前から、ソヴィエト連邦共産党の中央委員会は、それが成功すれば、アジア全土の支配権は彼らの手に渡ると目した計画を温めてきた。中国の巨大な人的資源を手中に収め、日本を征服して科学技術の「ノウハウ」で優位に立ち、資源の豊富な東南アジアの土地を手に入れるという計画なのである。

中国はすでに共産主義者の手に落ちた。ヴェトナムを皮切りに東南アジアが陥落すれば、最終的に日本が赤化するよりも早く、残りのアジアはまるでドミノのように連続して倒れてしまうだろう。この疑わしい「世界政治観」はそのように説く。しかし、このような世界観は、まったく誤っていた。ソヴィエトと中国の関係は六〇年代初頭にはすでに冷え切っており、互いに相手は西側につくのではないかとの相互不信状態にあったのだ。

同様の米国の視野狭窄(きょうさく)は、歴史性を無視したヴェトナム観にもよく現れている。ヴェトナムは長年、外国の侵略を受け続け、そのたびに人々が立ち上がって対峙してきた歴史を持つ。はじめは中国、次に一九世紀のフランスと続き、一九四〇年から一九四五年の五年間は日本軍に占領された。日本の降伏の後、ヴェトナムはおよそ二世紀ぶりに独立の試練を迎えていた。しかし間もなく、かつての宗主国フランスが再び権勢を強化し、その支配は一層の過酷さを極めた。

このような背景の中から登場したのが、戦後の独立運動の指導者となったホー・チ・ミンである。信念に基づく共産主義者でありながらも、彼はヨーロッパ植民地主義という足かせからの解放の夢を優先した。彼を支え、ともに闘った人びとが描いたのは、政治的なイデオロギーではなく、ヴェトナム独立というごく当然の希望だったのだ。

歪んだプリズムを通して世界を見ていた米国には、それが判らなかった。フランス植民地主義者を資金・物資の両面から支援し、一九五三年までに、八〇%に上るフランスの戦費を資金援助したが、いかなる規模の支援も、ホー・チ・ミンの率いるヴェトナム人民闘争を打ち敗かすことはできなかった。一九五四年、ホー・チ・ミンらは勝利した。

ヴェトナム人民が民主的な選挙で新しい指導者を選出することができるよう、ホー・チ・ミンは暫定的に国を二分することに同意、彼の支持層は北を、フランス支持に回った側は南を取った。ホー・チ・ミンの下で選挙による統一達成が濃厚であるとの情勢を察知した米国は、この選挙を否定して、南ヴェトナムに親米傀儡政権を樹立した。

南ヴェトナム政権にはまとまりがなく、幹部たちはただひたすら流入する米国のドルを自分のポケットに収めることに腐心した。不安定な政権を支えるため、ワシントンはかつてない規模の米軍部隊を派遣したが、それは婉曲(えんきょく)的に「軍事顧問団」と呼ばれた。

南のゲリラの支持をまとめながら、ホー・チ・ミンはヴェトナム統一戦争を決議する。ゲリラ戦や伏兵戦は、対フランス戦争以来完成された彼らの戦闘スタイルだった。塹壕(ざんごう)戦と戦車を用いた戦闘に馴れていた米軍側は、この異国の戦闘スタイルへの対処に振り回されて疲弊した。かくして採用されるに至った多くの戦闘技術は、アジャイル計画とフォート・デトリックでの研究から産み落とされたものであった。粘性を高めたゲル化ガソリンを用いることで、水に飛び込んでも消せないナパームBや、七〇〇万キロが投入されたとされる呼吸困難を引き起こすCSガスなどが、敵を一掃する目的で採り入れられた。

戦闘の初期段階におけるヴェトナムへの姿勢は、ある米軍高官の発言に集約されている。

「軍の観点では、当該地域は重要な実験場との認識だった」

このような情勢の下で米国防省は、最高機密のひとつであった実験的技術、すなわち軍用除草剤の導入を決定したのである。

(注1) Information Office Headquarters, U.S. Army Ryukyu Islands, "Why We Are Here." 一九六九年頃、在琉球米陸軍が作成したプレスキットに含まれていた文書。国吉永啓氏提供。

(*) この文書の原型は、一九六〇年第一回琉米婦人大会でのジョン・アンドリック琉球列島民政官のスピーチに見ることができる。Records of the U.S. Civil Administration of the Ryukyu Islands (USCAR), Box. No. 177 of HCRI-AO, Folder No. 7, "Why Are We Here?" (John G. Ondrick, Okinawa Women's Club, 3 March, 1960), 沖縄県公文書館所蔵。

ランチハンド作戦―上空からの眺め

米軍がヴェトナムの枯れ葉作戦に最初につけた名称は、彼の地に災いあれと望んだ破壊の規模を有り体に示していた。「ヘイディーズ作戦」、それはギリシャ語のハデス、地獄を表す言葉だ。しかしすぐに広報担当からの指導が入り、作戦名は「ランチハンド作戦」に変更された。荒野の手に負えない自然を手なずける、アメリカのカウボーイ的想像力をかき立てるアイコンに結びつけたのだ。

このネーミングのやり直しは、ヴェトナムにおける除草剤の使用に対して米高官が抱いていた懸念を如実に示している。自由主義世界の救世主を自認したいアメリカがこんなものを配備して、化学兵器戦争に走ったとの非難に晒(さら)されることを、彼らは恐れていた。そのような恐怖を払拭すべく、米国防省は徹底したプロパガンダを伴うかつてない機密作戦に着手した。

一九六一年一二月、南ヴェトナムに最初の除草剤が輸送された。輸送船入国の厳しい税関検査を免れるため、米軍はこれらのドラム缶を民需物資に見せかけて航空機で輸送している。駐ヴェトナム米国大使は、空軍の乗務員に軍服の着用を避けるよう示唆し、サイゴン近郊のタンソンニャットに到着した彼ら乗務員と撒布航空機C123は、衆人の目を免れて基地の片隅に密かに駐機した。

一九六二年一月一〇日、最初のランチハンド作戦を行うC123が飛び立った。ゲリラが潜伏できないよう周辺の叢林を取り除く目的で、およそ七六〇リットルの除草剤をサイゴン東部の沿道に撒布した。これが、その後一〇年間、米軍指揮下で一万九九〇五回に及んで行われた枯れ葉剤攻撃の、最初の出撃であった。

作戦期間内で、南ヴェトナムの一二％、隣接するカンボディア、ラオスにも及んで、七六〇〇万リットルの除草剤が撒布された。薬剤は住民が殆どいないジャングルに使用したと、米軍は強調したが、実際は三分の一に及ぶ作戦飛行が、食糧生産地を標的としていた。米空軍は、米、メイズ（トウモロコシ）、サツマイモ、バナナなどの耕作地に撒布を行った。これには、南ヴェトナムの農民たちが土地を放棄して、米国が実質支配する都市部へ流入するよう仕向ける狙いがあった。

渇いた喉が水を欲するかのように大量の除草剤が求められ、一九六六年には、補給が追いつかずに底をついた。製造会社は生産に拍車をかけ、時に、工場は二四時間フル操業の状態となった。軍用に除草剤を供給した会社は、米国のダウ・ケミカル社、モンサント社を含む三七社にのぼり、カナダ、ニュージーランド、日本にも製造拠点が置かれた(*)。

除草剤の大半は航空機によって撒布されたが、ヘリコプターやトラック、ボートによる撒布も約四〇〇〇万リットルに上った。さらに、破壊工作員の接近を退ける目的で基地区画のフェンス周辺の叢林を除去するため、噴霧機を取り付けたバックパック装備での作業が兵士に命じられた。

ヴェトナムを広大な実験室と捉える軍の認識に呼応して、科学者たちによる除草剤の配合調整が重ねられた。配合の違いを見分けるために保管容器のふたや側面に描いた帯の色で識別されたことから「虹色」除草剤と呼ばれたこれらの薬剤(エージェント)には、主として雑草を枯らすブルー、草木に効果を発揮するホワイトなどがあり、中でもエージェント・オレンジは、最も広く使用された配合で、広葉樹のジャングルに効果を発揮した。総じて、米軍はヴェトナム戦争中に一二種類の除草剤を採用し、また同様に広範な化学物質を使用して土地を枯死させ、ヴェトナムを長期にわたって不毛の土地にしてしまった。

ひとつの産業を生み出すほどの規模で使用された化学品は、必然的に何十万本という空のドラム缶を出現させた。それらの多くは米兵やヴェトナム住民たちの手で、間に合わせのシャワーや、半分に切ってバーベキューコンロとするなど、幅広い用途に流用された。

よくある使い途のひとつはガソリン保管だったが、これが思いもよらない副作用を引き起こした。使用済みとはいえ、ドラム缶には、ポンプで汲み上げきれずに残留してしまう除草剤が約二リットル程度入っており、このようなドラム缶から燃料を充填(じゅうてん)した車が撒き散らした排ガスによって、南ヴェトナム中の木が丸裸になった。フランス植民地時代に建設された並木の大通りが走るサイゴンのダウンタウンも、例外ではなかった。

除草剤の威力と大規模な撒布量に対して、ヴェトナムの人びとから健康への影響に懸念の声が上がった。人びとの不安を鎮めるため、米国とその傀儡(かいらい)政権は、広告塔と化した全国紙を使ってプロパガンダ作戦に着手した。例えば一九六二年には、「この薬剤による野生生物、家畜、人間、土壌への被害はない」との当局発表が報道されている。

撒布予定の場所、あるいは撒布した直後の場所には、航空機を使って何万枚というリーフレットが撒かれた。そこには「枯れ葉剤薬品は木を枯らし落葉させる目的で使用しており、人体、動物、土壌や水質に与える被害は一切ありません」と書かれていた。米軍はある時点までは、除草剤の使用を命じた自軍の兵士たちにも、繰り返し害はないと保証した。

「オレンジ（剤）は人体や動物への毒性はほとんどありません。航空機撒布で薬剤を浴びた兵士からも、疾病の報告は上がっていません」

しかし地上にあってこの化学物質を浴びた人びとやその子供たちが真実を知るのに時間はかからなかった。

（＊）日本における枯れ葉剤製造については、原田和明『真相日本の枯れ葉剤—日米同盟が隠した化学兵器の正体』五月書房二〇一三年が追求している。

地上では

米軍機が、薬剤の煙をたなびかせながらゆっくりと移動するのを見ても、ヴェトナムの農民たちはパニックになって避難することはなかった。「除草剤は安全です」と、米軍と政府が保証していたからだ。だが、この薬品が作物、特に果肉の柔らかいバナナやマンゴーなどに与えるダメージは、誰もがよく知っていた。だから、軍用機が通り過ぎるときはみな、除草剤がまだ降り注ぐ中を耕作地に入って、大急ぎで農作物を収穫した。

同様に、地上の米兵たちも政府が保証した安全性を信頼して、特段の防護もせずに除草剤撒布直後に一帯を行進などしていた。化学品を輸送機C１２３に積み込む者にも、じかに基地周辺に噴霧する者にも、安全装備などはなく、米軍から言われたことを信じて疑わなかった。

皮肉にも、この化学物質から身を守るのに熱心だったのは敵兵の側である。ヴェトナム住民を残酷に扱う米軍を目撃していた彼らには、米国政府は化学兵器戦争にも躊躇がないに違いないとの確信があった。北ヴェトナム兵たちは撒布機が来ると、ビニール袋やシートを頭から被り体を覆った。ただ、こうした対処は殆ど役に立たなかったし、薬剤がビニールを溶かして穴を開けても、兵士たちはまだ除草剤で湿った土の上を、何キロも行軍しなければならなかった。

私はこの四年間というもの、ヴェトナム戦争の敵味方当事者にインタビューをしてきた。その多くが驚きとともに記憶していたのは、撒布の後の完全な静寂だった。薬剤は昆虫や小鳥やカエルを殺傷し、ときにはサルが鳴き声もなく木から落ち、田園地帯にただ沈黙だけが残された。一帯の農地では、鶏やアヒルの群れが薬剤にやられ、魚は死体となって池の水面に浮かんだ。

人体への影響は、散布された薬剤の種類、曝露（ばくろ）の程度、個々人の耐性によってさまざまだった。直後に肌のトラブルに見舞われたり、嘔吐（おうと）と下痢、続いて頭痛、指やつま先に麻痺を生じるなどの症状が出た。目に浴びた場合は、まず視界が曇り、多くは後に視力を失った。

このような初期症状が、その後何カ月も、何年もの時間をかけて、多種にわたる病状（がん、糖尿病、免疫系不全など）に悪夢のように拡大していく。曝露の直後は症状が出なくても、後になって発病した。無気力になり食欲が失せ、多くの人が横になったきりで亡くなっていく。医者たちは手立てもなく途方に暮れるばかりだった。二〇代、三〇代の男女が、人生の最高潮のときに、倍も年上の人びとに起こるような病を発症した。そして、そこには子供たちがいた。

戦争中、赤ん坊は特別に大切にされた。ヴェトナムの人びとにとって、子供は破壊し尽くされたこの国に訪れる滅多に無い希望の輝きであった。一方、帰国した米兵にとって新しい生命の誕生は、負けた戦争から逃げおおせた成功の証であり、その目で見、あるいは自ら手を下した海の向こうの恐ろしい現実から回復するチャンスであった。

だが、除草剤を浴びたヴェトナムとアメリカの人びとは、子供を死産したり、奇妙な肉の塊となって生まれるのを見て戦慄した。あるいは生まれたとしても、ヴェトナムでの報道の言葉を借りるなら、パタパタと魚が喘(あえ)ぐようにしてほとんど即死のように亡くなった。あるいは美しく五体満足に見えても、一週間後には死亡した。あるいは一カ月後、あるいは一年後に……。

エージェント・オレンジと生殖との関わりを論じた二〇〇一年の論文は、被曝した人の子供のうち三分の二以上が重度の健康被害を抱えていると指摘している。(注一)

(注1) Le Thi Nham Tuyet and Annika Johansson, "Impact of Chemical Warfare with Agent Orange on Women's Reproductive Lives in Vietnam: A Pilot Study," *Reproductive Health Matters*, Vol.9, No. 18, (November 2001).

毒物

米軍がヴェトナムに撒いた除草剤は、人体に害を及ぼす。米国防省も製造会社もその危険性に気付いていた。彼らはヴェトナムの人びとと米兵たちに安全性を保証しつつ、その悪魔の化合物を詰め込んだ。そこに、人類史上例を見ない猛毒の物質が含まれていたのだ。

エージェント・ブルーには、米国内での使用が禁止されたヒ素とカコジル酸化合物が含まれていた。これは胎児に害を及ぼし、がんの原因となるもので、吸引や皮膚接触、特に経口吸引は危険とされている。エージェント・ブルーは、米の収穫に打撃を与える目的で米軍が好んで使用し、ランチハンド作戦期間を通じて使用された。こうして戦争中に、九〇万キロのヒ素がヴェトナムにばらまかれた。

エージェント・ホワイトには発癌性物質として知られる二種の物質、ＨＣＢ（ヘキサクロロベンゼン）とニトロソアミンが配合されていた。エージェント・パープルとエージェント・オレンジのカギを握る物質が2,4-Dと2,4,5-Tである。研究室では比較的安全性が認められ、米国内の園芸家に除草剤として販売された。だが軍用の配合は安全使用許可の何百倍にも濃縮されており、ランチハンド作戦で撒布されたのは、異常出産やがんの原因となる高レベルの毒性を有するものだった。

アメリカの軍用除草剤に含まれた極めて毒性の高い物質がＴＣＤＤ（2,3,7,8テトラクロロジベンゾパラジオキシン）と呼ばれるダイオキシンである。ハーヴァード大学の科学者が神経ガスを上回る猛毒であると指摘し、免疫系への影響も報告されている。ダイオキシンについては、世界保健機構が「出産、成長障害、免疫システムの損傷、ホルモンの阻害原因となる恐れがあり、発癌性がある」と述べているのである。

そもそもダイオキシンは、植物殺傷成分としては知られていない。だが、ふたつの理由でアメリカの除草剤に含まれることになった。製造会社の利権、そして米軍の化学物質への異常なまでの欲求である。長時間をかけて低温で製造すれば除草剤のダイオキシン発生量は比較的低減する。しかし、ヴェトナム戦争中、米軍の要求量はあまりに膨大で、製造会社は発注に間に合わせるため手間を省き、工場を二四時間操業した。

製造会社は、社内限定の極秘メモによって、すでに一九六五年にはダイオキシン汚染の問題があることを認識していたという。だが、米軍と結託してこれを秘匿した。危険性を認識した後、撒布指令は減少するどころか、着実に増加していったのである。

ランチハンド作戦はヴェトナムの人びとへのジェノサイド、無差別大量殺人だった。この時期の米国防省の姿勢は、戦争の指揮を執った人物、ウェストモーランド陸軍大将のよく知られた、あの言葉に集約されている。

「東洋人は命に西洋人ほど高い価値を置かない。東洋では命は有り余っており、安上がりなのだ。東洋の哲学に曰く、『命は重要ではない』」

それにしても、なぜ米軍は、これほど多くの自国の兵士たちをも毒物に曝したのか。先に見た米国防省の姿勢だけでは、これを説明できない。だが、その答えは一言で済むだろう、「使い捨て」だ。

ヴェトナムに従軍した米兵の八〇%は労働者階級であり、マイノリティからの徴用も多かった。米軍はアメリカ社会の最も貧しい部分を、世界で最も貧しい国のひとつと戦わせたのだ。自軍の兵士たちは砲撃の弾よけであり、米国防省は、戦闘で撃たれる兵卒を見るのと同じ感覚で、除草剤で殺される兵士に対して良心の呵責(かしゃく)のカケラも持ち合わせていなかった。

ダイオキシン、ヒ素、発癌物質を含む虹色の除草剤に加え、米軍は、規模は公表していないが、土壌の不毛化をねらった化学物質や、隠れた敵を呼吸困難にして炙(あぶ)り出すCSガスを撒布している。航空機、ヘリコプター、あるいは手ずから、同じ地帯に何度も繰り返し撒布し、そのたびに地上の人びとは毒物のカクテルを浴びせられた。単独でも恐ろしい毒性を持つ化学物質が、複合的に用いられた場合の作用が人体に及ぼす影響など、もう誰にも予測できなかった。

オキナワ・バクテリア

二〇一三年二月、私はアメリカの化学兵器戦争の与えた影響について専門家を取材するため、ヴェトナムを旅した。南ヴェトナム時代に米傀儡(かいらい)政権の首都であったサイゴンは、現在はホーチミン市と呼ばれている。ダウンタウンはコンクリートとガラスの摩天楼(まてんろう)が林立し、今やすっかり都市の景観を備えているが、ヴェトナム戦争時代から変わらぬ面影の区画も残っている。そんな街の一角に、政府の援助する被害者支援組織・VAVA（ヴェトナム枯れ葉剤・ダイオキシン被害者の会）がある。

私はそこで、ホーチミン市支部の代表、トラン・ゴック・トー少将と面会した。勲章で埋め尽くされたシャツに身を包んだ屈強な闘士姿のトー少将から聞く、今も続くアメリカによる除草剤被害についての説明には、怒りがこもっていた。三〇〇万人のヴェトナム人が現在もなお、除草剤被曝によって苦しんでいるのに、米国政府は援助を拒否している。米国が除草剤の毒性について隠して来た理由を彼は確信していた。

「それを認めれば、ハーグ国際司法裁判所に引き出されて戦争犯罪者として裁かれるからでしょう」

少将の声が一段と大きくなる。インタビューに使っていたICレコーダの音声レベルは最高値に達していた。彼の怒りは正当であるうえ、彼には個人的な理由もあった。

トラン・ゴック・トー少将（ヴェトナム枯葉剤・ダイオキシン被害者の会ホーチミン市支部代表）

グエン・ティ・ゴック・フォーン博士と筆者。エージェント・オレンジと健康被害を科学的に関連付けた最初のヴェトナム人医師のひとり

人民軍の若き兵士であったころ、彼は米軍機が撒布した薬剤を浴びていたのだ。その物質が何であったのかは不明であり、無論、当時は知る術もなかった。だが、涙が滝のように流れ、仕方なく自分の尿に水を混ぜて洗い流したのだという。現在、彼はこのときの被曝が原因だと考えられるさまざまの症状に悩まされており、記憶障がいや、神経障がいなどを発症している。

米国防省は除草剤の安全性について保証していた、そのことをどう思うかと、私は少将に尋ねてみた。彼は大きな手でテーブルの向こう側の女性を指差しながら言った。

「そのドクターに聞いてごらんなさい」

グエン・ティ・ゴック・フォーン博士、笑顔の絶えない明るい年配の女性がそこに居た。彼女こそは、除草剤調査分野における生きた伝説であり、エージェント・オレンジと健康被害を科学的に関連付けるべく奮闘した最初のヴェトナム人医師たちのひとりである。若き医師として彼女は、サイゴンの中心部にあったトゥーヅー病院に勤務していた。

「一九六六年から六七年ころ、病院で出生異常の増加に気付くようになりました。数え切れないくらいだったのです。がん患者数も増加しました」

同じころ、南ヴェトナムの他の病院でも出生異常の症例が引き続いていた。だが当局に報告すると、記録はすべて政府に引き渡すよう命令され、ファイルは間もなく紛失してしまった。

何か恐ろしいことが起こっていると気付いたフォーン博士は別の手を打った。この話を地元紙に託したのである。米傀儡政権の厳しい統制下にあったにもかかわらず、彼女の証拠は決定的で、南ヴェトナムのマスコミもこれを看過することなどできなかった。サイゴンの複数の新聞が、除草剤が撒布された村で生まれた奇形児の写真を配した記事を一面トップで報道した。

記事には母親の証言も掲載され、南ヴェトナム全土が衝撃に見舞われた。そして多くの人びとがうすうす気付いていたアメリカの除草剤への疑念が強まった。

ところが、この災厄に南ヴェトナム政府は特別な名前を付けた。

「オキナワ・バクテリアと呼びました」と、トー少将が言った。

「沖縄には大きな米空軍基地があり、米軍機の多くが沖縄から南ヴェトナムに飛来しました。化学物質撒布に使用された航空機も沖縄から来たという噂があったのです。証拠はありませんでしたが……」

ランチハンド作戦で使用された「紫」のロゴマーク（ホーチミン市、戦争証跡博物館にて）

トー少将の話を聞きながら、私はその日の朝見たものを思い出していた。ホーチミン市の戦争証跡（しょうせき）博物館である。ヴェトナム戦争中の米軍の不正を記録する目的で作られたその博物館には、ランチハンド作戦に関する展示も含まれていた。作戦機の米兵たちが小隊のバッジに興味深いロゴを取り入れていた。日本語の「紫」という漢字だった。おそらく最初に使用された除草剤のひとつがパープル剤だったことから選ばれたのではないか。この日本語の文字遣いを発見して、私はヴェトナムまで足を運んだ甲斐があったと思えた。

「この種の除草剤が沖縄でも使用されたということをご存じでしょうか」と、私は尋ねた。

フォーン博士とトー少将が首を横に振ったのを見て、私は二人に気付かれたくはなかったが、少し落胆した。言うまでもなく、彼らの語るオキナワ・バクテリアの話は、当時のヴェトナムの人びとが沖縄に抱いていた感覚を雄弁に物語っている。当局が出生異常の発生源として「オキナワ」の名前を選んだことには、米軍の出撃地である沖縄に抱くヴェトナムの人びとの敵愾心が現れている。

米当局は、帰還兵たちの除草剤に由来する健康被害を、性病ないしアルコールやドラッグ依存として否認していた。米国政府が自国の兵士に毒を浴びせるなど、誰も信じたくなかったのだろう。同じころ、米国政府は、ヴェトナムから出はじめていた出生異常の証言に対する情報操作作戦を展開した。北ヴェトナムの新聞や、北京、モスクワのメディアがこれらを報道しても、米国政府は敵性プロパガンダだとして一顧だにしなかった。

嘘で塗り固めた情宣活動が露わにしているのは、大規模な期間と資金をつぎ込んだ除草剤使用の継続に執着した米国当局の姿勢だ。だから、一九七〇年四月、米国政府が唐突に枯れ葉剤使用の廃止を発表したとき、人びとはむしろ驚愕したのだ。

過去の嘘に追いつかれる米国防省

一九七〇年四月一五日、国防副長官ディヴィッド・パッカードは、2,4,5-Tを含む除草剤のヴェトナムにおける即時使用停止を発表した。エージェント・オレンジもこれに含まれた。この発表でランチハンド作戦は中止となった。エージェント・ブルーはなお使用可能であり、数種の除草剤は手作業、トラック、ヘリコプターなどによる撒布が続いていたが、C123の作戦飛行回数は徐々に減少し、一〇年に及んだ航空機による枯れ葉剤撒布が、こうして幕を下ろした。

この意外な方針転換の原因は何だったのだろうか。ついに米国防省はフォーン博士と同僚たちや何千もの死病者の声に耳を傾けたのか。答えはノーだ。

実のところ、米国防省は作戦中止を余儀なくされた。米国のメディアが、これら除草剤の危険性に関して、紛れもない証拠を採り上げた科学的な報告書を入手したからだった。このため国防省は、確実に予想される世論の批判を迎え撃つべく、スクランブル体勢を取った。

一九六六年、バイオネティクス・リサーチ研究所は、米国政府との契約で2,4,5-Tの動物実験調査を行い、この物質が少量でも大規模な出生異常を引き起こすことを発見した。研究所はこの発見について製造会社と米国政府に忠実に伝えているが、報告は、両者にとって特段新しいものではなかった。別の調査によって除草剤の危険性は既知のものだったからである。過去に対処したのと同じように、当事者たちはこの時の報告も黙殺することに同意した。その後さらに四年間、米軍は除草剤の撒布を継続し、製造会社は巨額の利益を得ていた。米国兵士たち、ヴェトナム住民たちを蝕む原因を知りつつそうしていたのである。

一九六九年末、ハーヴァード大で生物学を専攻する学生が、先のバイオネティクス報告書を入手してマスコミに暴露した。もしもこの報告書の露見がなければ、さらにその先何年も、彼らは撒布を停止することはなかっただろう。こうして除草剤の大部分が使用禁止されることになった。米国政府と製造会社が過去についた嘘が、ようやく追いついて彼らを取り押さえたかに思えた。一〇年に及んだ化学兵器戦争の責任を追及する声も上がった。だがそれは、この後さらに四〇年間続く

「嘘と欺瞞（ぎまん）」のはじまりに過ぎなかったことが、次第に明らかになる。

否認、隠蔽、改ざん―米国の犠牲者たち

米国政府の姿勢は、自国の被曝兵士たちへの仕打ちに表われている。米兵たちは任務中に負傷すれば、つまり被弾や砲撃のショック、毒害などいずれでも、医療費の補償を受ける資格がある。アメリカの医療費の高さはつとに知られるところで、補償は文字通り、彼らの命にかかわる。この受給資格を決定する権限を所掌している政府機関が、退役軍人省である。

一九七八年、退役軍人省はすべての支部医療機関に対して機密書簡を送り、除草剤被曝のヴェトナム退役兵に対する補償金を認定しないよう通達した。病に冒された退役兵たちの申し立ては滞り、作成した書類は行方不明になり、探せと指示される在りもしない記録探索は徒労に終わった。病気の兵士を支援してくれるはずの政府機関が、政府の隠し事で主要な役割を果たしていた。

このような不誠実な対応に不満を抱いた元米兵が一九七九年、モンサント社やダウ・ケミカル社など、軍用除草剤を製造した複数の製造会社を相手取って集団訴訟（クラスアクション）(*)を起こした。集団訴訟は、会社や政府によって被害を受けた多数の個人が集団で行う訴訟で、これまでもタバコ会社や漏洩（ろうえい）事故を引き起こした石油会社などの責任を追及する手段となってきた。

エージェント・オレンジ訴訟において、製造会社は、法廷闘争に持ち込んだ兵士たちはそのうち亡くなるか、あきらめるだろうと見込んで、五年をかけて手続きを遅延させた。一九八四年までに、

製造会社の敗訴がほぼ確実となると、会社は法廷外での結着を提案した。退役兵の代理人弁護士たちは、当事者たちの意見を汲むことなく、一億八千万ドルという雀の涙のような金額で、和解に合意してしまった。被曝による障がいを完全認定された者が受け取ったのは一〇年間で一万二千ドルというわずかな金額だった。しかもこの賠償金を理由として、彼らの多くが医療補償金を受領できなくなり、結果として一層の窮乏状態に見舞われる者も現れた。米国の訴訟システムによくある話だが、この和解で私腹を肥やしたのは弁護士たちで、その儲けは一三〇〇万ドルにも上った。

製造会社にしてみれば、この裁判は圧勝だった。一回限りの賠償は、罪状認否と無関係に行われ、なおかつ、この和解によって将来の訴訟を免れた。すなわち、これ以後は同種の賠償請求訴訟を退けることができるようになったのである。二〇〇四年にヴェトナムの被害者たちが製造会社を相手取って訴訟を起こしたが、即座に棄却された。

今日でもなお、二大企業、ダウとモンサントは、アメリカの化学兵器戦争で有毒物質を供給した責任を認めようとしない。自分たちの製造した除草剤と病害との関連を否認し、ヴェトナムにおける被害者に対する一切の補償を拒否している。(**)

一九八〇年代を通じて、米国政府は軍用除草剤の健康に与える影響について、いくつかの事例調査に着手した。製造会社とのもたれ合いのなか、曝露と病気との因果関係が解明されないようあらゆる手を尽くしてデータを改ざんした。統計を歪曲し数値を偽造し、決定的な発見を隠蔽した。例えば、一九八四年の報告書は、ランチハンド作戦に関与した退役兵の健康被害が増加したことを示していたが、真実を隠すために書き換えられた。また被曝した退役兵の発癌リスクが急増したことを明らかにした一九八七年の調査でも同じことが行われた。

製造会社の資金提供を背景に多くの研究不正が行われた。その数々の報告書を監修する立場にあったのが、元空軍科学者のアルヴィン・ヤング博士である。彼は多くの人びとが被ったエージェント・オレンジによる健康被害を曖昧(あいまい)にするべく、その職務に徹した。後にⅧ章で、私たちは再びこの人物と再会することになる。

（＊）クラスアクションとは、米国における民事訴訟の一形式で、同種の案件が多数にのぼる場合に、これを集約して全体を代表する訴訟を行う。個々人は訴訟手続きの負担を避けることが出来るが、結果にも拘束されてしまう。米退役兵の枯れ葉剤訴訟は、連邦地裁判事の訴訟指揮でクラスアクションに移行した上で和解決着した。中村梧郎『新版母は枯葉剤を浴びた』岩波書店二〇〇五年、二二八～二三〇ページ。

（＊＊）ヴェトナム被害者の訴訟の取り組みについては次に詳しい。北村元『アメリカの化学戦争犯罪―ベトナム戦争枯れ葉剤被害者の証言』梨の木舎二〇〇五年。

一九九一年、退役米兵に限定的な補償が始まる

数々の不正に憤った被曝米兵たちは、粘り強い闘争を継続し、理解を求める長期の運動を展開した。一九九一年、ようやく米国政府は、軍用除草剤を原因とする数種の症状に罹患した米兵への補

償に応じた。前立腺がん、ホジキンリンパ腫、二型糖尿病などである。加えて、退役軍人省は退役兵の子供たちに対しても、健康被害について補償に応じるべく症例リストに追加した。脊椎披裂（せきついひれつ）（二脊椎症とも呼ばれる症状）などである。

ついに米国政府は、自国の退役兵たちが発症した病気を認定したのである。ヴェトナムの人びとへの補償も、もはや当然のことだと思えるだろう。だが、政府はいまだにヴェトナムの人びとを人間以下のように扱っている。ウェストモーランド大将の人種差別イデオロギーは今もなお支配的である。つまり「東洋の哲学が言うところ、命は重要ではない」ということなのだ。

ヴェトナムの被害者たち

米国がヴェトナムに仕掛けた化学兵器戦争の作戦名として、最初に選ばれた名は「地獄（ハデス）」だった。一九七一年までにこの国が受けた被害を調査してみれば、地獄とは、いかにもふさわしいネーミングだったことが判る。何百万本もの木々の枯死が土壌流出災害を招き、メコンデルタのマングローブ湿地帯が受けた打撃は惨憺（さんたん）たるものだった。米を中心とした三億キロの食糧生産は壊滅し、田畑は不毛の泥沼と化した。ヴェトナムには、この先何十年も回復のメドが立たない土地が、今もなお残存している。

人体への被害について、ヴェトナム赤十字はおよそ三〇〇万人が被曝の影響に悩まされていると推計している。この数字には直接に被曝した人と、その子供、孫たちが含まれている。三〇〇万人といえば、ヴェトナム人口の三〇人に一人に相当する。

だが、統計だけでは、充分にその意味は伝わらない。それは紙にインクで書かれた数字の連なりに過ぎない。

その全容を把握するため、私は自分で、被害者を訪ねる必要があった。それは難しいことではない。ヴェトナムのほとんどの集落には、アメリカの化学兵器戦争の犠牲者を支援するためのセンターが存在する。

ダナン市に五千人はいるとされる被害者のうち、数十名の支援を担う第三ダイオキシン・センターを、市の郊外の稲作地帯に訪ねた。サイゴン郊外では、六〇名の被害者支援を行うカトリック教会運営のティエン・フォック第二センターを訪れた。トゥーヅー病院のホア・ビン平和村、フォーン博士が最初に除草剤の出生異常との関連を突き止めてから五〇年間、ダイオキシンの毒に侵された多くの人びとを支え続けてきたその場所へも行った。

清潔なタイルの床や、壁に描かれた楽しげなアメリカや日本のマンガのキャラクターなど、どこのセンターもよく似た雰囲気だと思う。だが、そこに暮らす被害者たちを見慣れてしまうことなど決してできなかった。腕や脚を持たずに生まれてきた人がいる。眼の位置を覆うように肉が肥大化してしまったり、肌が乾燥してちょっとでも触れれば剥がれてしまう人もいた。医療用ベッドに身を横たえていた人の頭部は、脳水腫で腫れ、起き上がればよろめいてしまいそうだった。身悶（みもだ）え、呻（うめ）き、叫びながら柵に頭を打ち付ける人は、感じているその痛みを鎮めようともがいているようだ。

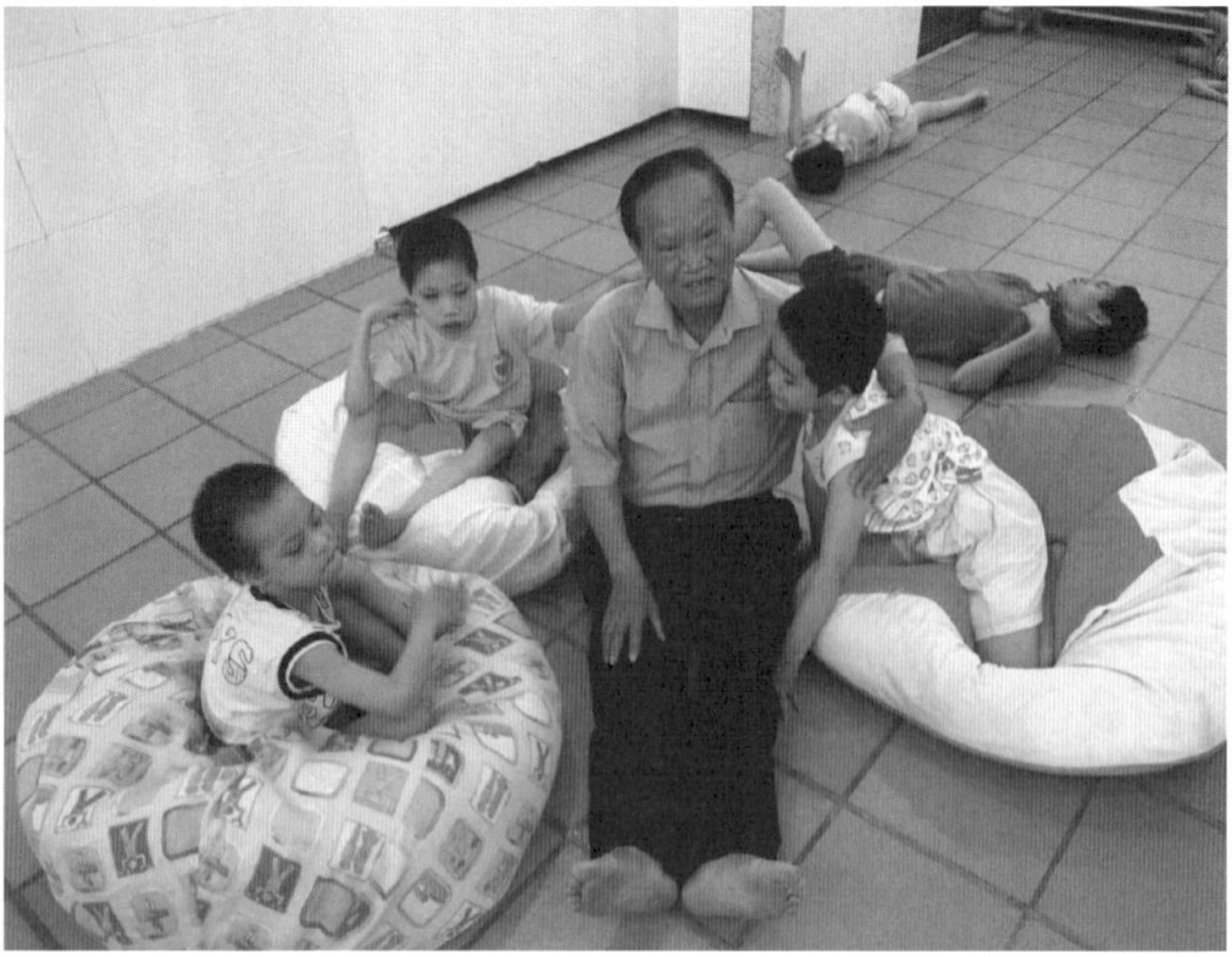

カトリック教会が運営するホーチミン市のティエン・フォック第２センター。エージェント・オレンジの病と闘う60名が暮らしている

身じろぎもできずに横たわる人もいた。昼に夜に、騒々しい無遠慮な戸外の交通騒音にも無反応のまま、彼らは脱出の希望もなく精神の中に永遠に閉じ込められたままなのだろうか。

トゥーヅー病院の廊下の一番奥には、ビンに入れられた新生児の標本室がある。一〇〇体以上の変形した小さな命がフォルムアルデヒド水溶液の中に保存されていた。年月日、母親の名前、死因が付けられたそれらは、まるで法廷で突き付けるための証拠のように見えた。これこそ、ヴェトナムの地で米軍が犯した戦争犯罪の証拠そのものだ。初期の標本のいくつかは、フォーン博士が除草剤と人体の健康との関連を突き止める手立てとなったものだ。いまでは柔らかく溶けて灰色みを帯びた人体標本は、政府が異常出産の原因を「オキナワ・バクテリア」のせいにした、その当時のものだ。

米軍の戦争犯罪の証拠（ホーチミン市、トゥーヅー病院）

トゥーヅー病院は、生きて病と闘う人のみならず、すでに亡くなった人、そして医療用ベッドに横たわって生死の境を生きている人たちのための場所だった。米国政府はその誰に対しても、一切の援助を行わないまま今日に至っている。それだけではない。さらに嫌悪すべきは、米国が彼らの被害の訴えについて、繰り返し誹謗の対象としてきたことである。

二〇〇三年、在ヴェトナム米国大使館は、軍用除草剤について、「二〇年に及ぶプロパガンダ・キャンペーン」を遂行したといってヴェトナム政府を批判した。この当時の大使は翌年に、ヴェトナム人が「偽科学」に基づいて訴えているとの発言もしている。除草剤使用と人体の健康との関連を隠すために、自国の科学者の研究をも妨害してきたアメリカの歴史を鑑みれば、この侮蔑的な発言は幾重にも許しがたい犯罪なのである。

嘘は繰り返される――沖縄

五〇年前、米軍が最初に除草剤を撒布したとき、その用途は偽装された。この嘘が持ちこたえられないとわかると、今度は、国際司法裁判所を警戒し、毒害に遭った人びとへの賠償責任を退けるため、証拠を隠滅(いんめつ)し、将来の研究にまで不正に干渉しようとした。この謀略は、有毒物質から財を成した化学会社の援助で行われた。

だが、米国政府が今なお世界に対して隠し立てしている不正義がもうひとつ存在する。これまで見て来た過去の不正行為の文脈において、私たちはそれを検討する必要があるだろう。

その嘘とは？　米政府は、これら除草剤がヴェトナム戦争の最も重要な前哨(ぜんしょう)基地、すなわち沖縄には存在しなかったと主張しているのである。

第Ⅱ章　ヴェトナム戦争と沖縄

「沖縄なくして、ヴェトナム戦争を続けることはできない」

（ユリシーズ・グラント・シャープ大将、太平洋軍司令官、一九六五年一二月）

ヴェトナムはアメリカ合州国から地球を半周したところにある。サイゴンは、カリフォルニアの港から一万三千キロ、ハワイから一万キロの距離だ。この距離の問題を解決するため、米国防省はもう少し近い場所に戦争の足場を求めていた。

沖縄。ヴェトナムから二五〇〇キロの距離にあるこの島は、うってつけの選択肢だった。全域にわたる補給支援に遠すぎず、前線から安全を確保するのに充分な距離がある。加えて、一九四五年から一九七二年まで、米国はこの島に無制限の支配権を行使していた。沖縄は地政学的なグレーゾーン、米国の一部でもなければ、日本でもない場所であり、米国防省は好きなように利用できたのである。そこは、核兵器、毒ガス、そしてエージェント・オレンジなど、大量破壊兵器を自由に保管し、説明責任も求められない、つまるところ軍事植民地であった。

沖縄は米国防省の要求を満たす理想的な場所だった。しかし、沖縄の人びとにしてみれば、ヴェトナム戦争中の暮らしは凄（すさ）まじいものとなった。騒音と事故だけでも、戦場で暮らしているような気分にさせられた。さらに、知らされないことの恐怖があった。沖縄の人びとは、暮らしのすぐ横にある基地に有害なものがあると推測はしていたが、それが実際にどのようなものかは、知らされないままだった。

忘れられた島

沖縄戦は、第二次世界大戦のなかでも凄惨を極めた戦闘のひとつだった。戦闘は一九四五年春から約三カ月間にわたり、島は荒廃し、粉砕された武器弾薬、戦闘のなかで殺戮された九万五千人の日本兵と、一四万人の沖縄住民の遺体が埋もれた焦土に変わり果てた。米軍側では、一万二五〇〇人が命を落とし、二万五千人以上が戦争神経症で戦闘不能となるなど、その戦闘の凄まじさを物語っている。しかしアメリカ人たちは、その先のさらなる戦局、日本本土への侵略を想定しており、沖縄戦はその序曲に過ぎないと考えていた。

沖縄戦が終結する前の段階で、米軍は九州上陸の出撃基地として沖縄を利用する計画を立てていた。これを念頭において、沖縄における日本軍基地を確保し、自軍の基地に転用した。嘉手納や伊江島にその事例を見ることができる。さらに米軍は、民間人を強制的に収容所に閉じ込めていた間に、駐留用地を確保していった。広島と長崎への原爆投下により、本土侵攻というアメリカの計画は無用となった。対日戦勝利は、こうして新しい難題を米国にもたらした。占領してしまった沖縄の処遇である。

米国と英国は一九四一年八月、領土の不拡大、政体選択の自由などを内容とする大西洋憲章を発表している。米国政府は「戦争による領土獲得をしない」と約束したのである。沖縄が、この宣言の試金石となった。

米国はあまりに多くの血と金を注いだこの島を手放したくはなかった。そのため占領から数年間、沖縄は収まりのつかないまま宙づり状態にされた。アメリカの政治家や軍の指導者たちがこの状況をどう結着するのかと議論している間も、沖縄の人びとは米国の施しに依存せざるを得ず、狭矮（きょうわい）な強制収容所に閉じ込められたままだった。

この間、米軍は、太平洋全域から損壊した軍用機材を送還する前にいったん集める廃材置き場（ジャンクヤード）として沖縄を使用した。一九四九年一一月、『タイム』誌は沖縄を忘れられた島と名付けた。

「この四年間、みすぼらしく、台風が吹き荒れるばかりの沖縄は、口さがない陸軍兵たちが『物資補給ラインの末端』と呼ぶあたりにぶら下がっている」

しかし事態はすぐに変化した。

太平洋の要石

一九四九年、毛沢東と人民解放軍が中国の支配権を掌握した。共産主義の世界拡大を裏書きする事態と受け止めた米国にとって、これは大きな心理的打撃となった。冷戦のアジアにおける戦線が確定したのである。米国議会は沖縄を太平洋の要石（かなめいし）に転換すべく資金を投じた。沖縄には、アジアと日本における共産主義の拡大に対峙するという、一面的な役割が想定された。その一年前に、昭和天皇裕仁はアメリカが沖縄を長期間租借するよう進言しており、すでに米国の計画はお墨付きを与えられていたと言える。

米国防省はほどなく、この新たな軍の要塞を使用することになった。一九五〇年六月二五日、朝鮮で戦争が勃発したのだ。三日以内にワシントンは、B29爆撃機を嘉手納から出撃させた。これと同時に、米国防省の記録によると、米軍ははじめて核兵器を嘉手納基地に送り、併行してフォート・デトリックで開発中の毒ガスを、実戦での使用に備えて備蓄していた。

米国は朝鮮戦争で核兵器こそ使用しなかったものの、嘉手納基地に備蓄した生物化学兵器を使用したという有力な証言がある。北朝鮮で撃墜された空軍兵が、「戦線の向こう側にコレラ、チフスを拡大させる弾薬を投下した」と証言している。米国防省はこの発言を棄却した。それ自体は驚くことではない。だが、病気感染の拡大は朝鮮村落で記録されており、米軍爆撃機が投下したと伝えられている弾薬の写真は、メディアにも掲載された。この空軍兵は嘉手納基地から出撃していた。

朝鮮戦争で沖縄の戦略的重要性を確信した米国政府は、その無期限の保有を決意した。一九五二年四月二八日に発効したサンフランシスコ講和条約は日本本土の占領を終結させる一方で、沖縄に関しては、「合州国は、領水を含むこれらの諸島の領域及び住民に対して、行政、立法及び司法上の権力の全部及び一部を行使する権利を有するものとする」と条文で謳った。

この条約は、米国防省に白紙委任の実権を与え、近代史上最も集中的に軍事増強が行われた事例のひとつとなる。一九五〇年代半ばを通して、ワシントンは六億ドル、現在ならばおよそ六〇億ドルに相当するだろう巨費を投じて、沖縄の軍事施設を強化した。那覇では、港湾を拡大し、軍隊、武器、補給品を運び入れる輸送船の寄港する場所を確保した。嘉手納空軍基地は滑走路を延長して、次世代の爆撃機、怪物のようなＢ52を受け入れた。この爆撃機が後にヴェトナムを叩くことになった。

やんばるのジャングルでは、北部訓練場が設置され、ゲリラ戦技術の教練に供された。その初期の卒業生のなかには、毛沢東を打倒すべくＣＩＡから教練を受けた、中国人反乱軍の姿もあった。在沖米軍の拡大は、日本本土の駐留米軍の移動を伴っていた。第三海兵師団が沖縄に到着したのは一九五六年のことで、それ以来現在もなお居座っている。

このような駐留米軍拡大の用地を確保するため、米軍は沖縄住民から冷酷に土地を接収した。銃剣を突き付けて家族を住んでいる家から追い立て、ヤギを殺し、農地をブルドーザーで破壊した。農地を接収された沖縄の人びとは、あるものは南米への移民を余儀なくされ、またあるものは基地での仕事を選ばざるを得ず、最も汚く危険な仕事を請け負った。その中には、これから見るように、エージェント・オレンジを扱う作業もあった。自分たちの島にいながら、沖縄の人びとは差別的な給与体系の犠牲者となり、日本本土やフィリピンから移入した労働者よりもその賃金は低く抑えられていた。

沖縄の人びとには、この不正義に抗議する機会がなかった。占領者である米国が急ごしらえの民主主義建設に熱心だった東京とは異なり、沖縄は米軍の高等弁務官の独裁下に置かれていた。沖縄の統治について島の人びとには発言権が与えられなかった。さらに一九五七年には、このころすでに、日本の政治に介入を開始していたＣＩＡから、沖縄の保守政党への資金提供が始まる。沖縄における民主主義の拡大を抑圧する破壊活動の幕開けであった。

一九五〇年代末までに、米国は南ヴェトナムへの介入を強め、沖縄の基地強化も完了した。土地を収奪して建設された約一四〇の米軍基地施設が島の約三〇%を占めるに及んだ。「沖縄の南半分には基地があまり見当たらないが、ここは一体としての軍事基地複合施設と見るべきだろう」と、一九五九年の米国の公式報告が述べている。数年のうちに、軍事施設はその隣接する地域社会との境界線をますます曖昧にしていった。沖縄の人びとにとっては、沖縄に基地があるというよりは、島全体がひとつの軍事基地であり、そこに、あらゆる危険も抱え込まれていた。

ヴェトナム戦争

第二次大戦や朝鮮戦争とは異なり、米国政府は北ヴェトナムに対して公式には宣戦布告をしていない。しかし一九五〇年代から六〇年代にかけて徐々に介入の度合いを深めていった。その最も重要な段階は、最初の戦闘部隊・第九海兵遠征旅団がダナンビーチに上陸した一九六五年三月であった。中でも第三海兵師団の兵士たちはまず沖縄に到着し、沖縄を経由地点として、戦争に出陣あるいは帰還することになった。このあと数十万に拡大する米軍兵士たちの移動のはじまりであった。それから一〇年の間、沖縄は東南アジアの爆撃、軍備補給、修復、米軍戦争マシーンの訓練に使用された。

嘉手納空軍基地――朝鮮戦争に不可欠の存在を示したこの基地は、依然として軍事作戦の中核であった。ヴェトナム戦争によって、ここは地球上で最も激しく離発着を繰り返す滑走路のひとつとなり、一九六五年から七三年の間でおよそ一〇〇万回、三分おきに一機が離着陸した。兵士たちは沖縄に到着すると、特別チャーターの民間機で海の向こうの戦争に出発する。笑顔の客室乗務員と無料ドリンクで気分はほとんどヴァケーションだろう。だが残念なことに、嘉手納基地には軍の霊安室も備わっていた。戦死した兵士の遺体は、合州国の家族の元に送り返される前にここで防腐処理が施された。

輸送機も嘉手納を使用してアメリカから物資を運び、ヴェトナムとの間を往復した。SR71ブラックバード偵察機も、嘉手納の滑走路を使ってヴェトナム戦争をモニターし、中国やソ連の活動も監視していた。

一九六八年、その嘉手納基地が新たな役割を開始した。ヴェトナムを爆撃するB52爆撃機が、その滑走路から飛び立ったのである。何千キロもの弾薬を搭載した機体は、早朝の空軍基地を発進し、ヴェトナムの村々にその積荷を落として、夜遅く沖縄に帰還した。沖縄の人びとは、このB52を嫌悪した。第二次大戦で自分たちの家々を爆撃された傷も癒えない時代、人びとはこの「黒い殺し屋」の配備に激しく抗議した。

嘉手納空軍基地に近接する知花弾薬庫に、米軍は毒ガス兵器を備蓄していた。一九六二年から六三年の間、おそらくそれ以前に島に持ち込まれ、朝鮮戦争で使用された可能性が高い、神経ガス、サリン、マスタードガスなどが配備されていた。これらの毒ガスを保管したバンカーの外では漏出

1969年ヴェトナム戦争下の那覇軍港で多数のドラム缶を積みおろした船舶（マイケル・ジョーンズ氏提供）

を知らせるためウサギが檻に飼われていた。私の高祖父とその同志たちが、同じ目的でカナリアを飼っていたという第一次世界大戦のころから、安全のための手順はどうやらほとんど進化しなかったようだ。

島の南部で、米国防省が戦争のための物資供給の主要な動脈としたのは、那覇港だった。二四時間操業し、アメリカから補給物資を運搬する貨物船の受け入れ先となった那覇港は、機関銃や弾薬から石油缶、木材、軍の携行食（レーション）やビール、そして棺桶に至るまで幅広く取り扱った。貨物船の積荷は、LSTと呼ばれる小型船舶に積み替えてヴェトナムに搬送されるのを待つ間、港の倉庫や近接する牧港（まきみなと）補給廠（しょう）でいったん保管された。ヴェトナムで消費された毎月約四〇万トンに上る物資のおよそ四分の三が那覇軍港など沖縄で取り扱われ、第二兵站司令部がこれを所掌した。

補給物資の輸送は往路と復路二つの経路となる。沖縄は、ヴェトナムから環流する資材を分別する地区としても機能したのだ。沖縄に戻ってきた巨大コンテナのなかには化学品の

1972年米軍北部訓練場内に化学品のドラム缶が散在している（ロビン・ポー氏提供）

残余や不発弾などのほか、度肝を抜かれるようなありとあらゆる資材、汚れた軍服、壊れた携帯無線機、何千というヘルメット、時には密輸ヘロインや記念に持ち帰ろうとした敵兵の遺体の一部が入った雑嚢（ざつのう）も含まれていた。あらゆる物がヴェトナムの戦場で泥や汚れにまみれていて、コンテナの扉を開ける兵士たちは、彼ら自身もヴェトナムのジャングルに足を踏み入れたような気分になった。

沖縄に戻ってくるもののなかには、戦闘で故障した軍用車両もあった。牧港補給廠に運ばれて弾丸で穴が開いた残骸には、不運な兵士の血が染みついており、この一帯には「ボーンヤード」すなわち墓場という猟奇趣味的な呼び名が付いた。ここでは、米国人メカニックが沖縄の軍雇用員と一緒に故障車を修理し、戦場に送り返した。人肉を喰らった車両の行き先は、場合によっては闇市になる。沖縄ではよくあることだった。ヴェトナム戦争中、米兵や沖縄の基地従業員から流出する物資によって、軍用品の闇市は沖縄で大いに栄えた。ビールや薬品のケースのような細々としたものから大きなものまで、取り引きされた物資はいろいろだった。陸軍の一個中隊二〇〇名が燃料トラックをまるごと放出し、ガソリンの売り上げを山分けしたこともあった。後に見るように、エージェント・オレンジは闇市でも特別に人気のあるアイテムのひとつだった。

ヴェトナムを実験室と見なした米軍は、沖縄もこれにふさわしく実験的な戦闘技術を磨くための場所として利用した。北部訓練場は、山間部に囲まれたヴェトナムの戦場に似ており、カモフラージュ、待ち伏せ（アンブッシュ）、ジャングルでのサヴァイヴァルなど、兵士を鍛えるために使用した。敵兵を嗅ぎ分けるためヴェトナムに持ち込んだ軍用犬もここで訓練していた。

高江付近のやんばるのジャングルには、架空のヴェトナムの集落や捕虜収容所を設け、よりリアルな戦闘訓練にする目的で、東洋人の敵役として地元住民と子供たちを「徴用」した(*)。北部訓練場では自軍の訓練のみならず、北ヴェトナムとの戦争における同盟兵・南ヴェトナム、タイ、韓国の兵士たちも訓練した。加えて日本の自衛隊からは、毎年一千人の隊員がヴェトナム戦争中に、「オブザーヴァー」と称して北部訓練場に派遣されていた(注一)(**)。

戦闘が最も激化していた一九六〇年代末ごろには、五万六千人の沖縄の人びとが米軍基地に直接雇用されていた。一九五〇年代の差別的賃金体系からみると、給与はいくらか改善してはいたが、最も危険な職務に就かされていた。那覇港では、港湾労働者として、悪臭を放つ船底の汚水だまりに腰まで浸かって、クレーンが一〇トンのパレットを頭上で揺さぶるなかを作業した。知花（ちばな）弾薬庫では、ヴェトナムから返送された不発弾を、何百人もの女性たちが修理した。誤って爆発すれば火傷や破片に被弾し傷を負うことも多かった。ＬＳＴでヴェトナムまで航行する任務に就いた沖縄の労働者もいた。何人かがこの業務で死亡したが、生還した人が持ち帰った最前線のあまりの恐ろしい体験談に、多くの人びとは、彼らにならうことを思いとどまったという。

しかし、軍に雇用された沖縄の人びとだけが、ヴェトナム戦争の危険にさらされたのではなかった。住民生活の場と基地との境界線は非常にあいまいだったため、地元住民は常に事故の恐怖とともに暮らしていた。

そして不幸なことに、しばしばこの恐れは現実のこととなった。

（注1）トーマス・Ｒ・Ｈ・ヘイブンズ、吉川勇一訳『海の向こうの火事：ベトナム戦争と日本一九六五―一九七五』筑摩書房一九九〇年、一一八ページ。

（＊）「ヴェトナム村」は、一九六〇年代、北部訓練場内に造られ、農村に潜むゲリラ兵士の掃討訓練が行われた。高江の住民は、そこでヴェトナム人役として雇われていた。知念忠二『大河の流れと共に』あけぼの出版二〇〇八年、三七三〜三八一ページ。沖縄タイムス中部支社編集部『基地で働く：軍作業員の戦後』沖縄タイムス社二〇一三年。

（＊＊）ヘイブンズが典拠としたのは、ラッセル法廷に連なる民衆法廷として開催された「東京法廷」の記録である。ベトナムにおける戦争犯罪調査日本委員会『ジェノサイド民族みなごろし戦争』青木書店一九六七年、一〇四ページ。同書一一三ページも参照。松野防衛庁長官が一九六六年二月二四日衆院予算委員会の答弁で、現地研修の名目で沖縄に派遣された自衛隊の数は、一九六三年までに二七七人、六四年に六五一人、六五年に八〇二人、六六年に一四二七人になり、六七年には一、二月の二カ月で二四〇人だったと明らかにされた。同民衆法廷では米軍が撒布した「農薬」の問題が採り上げられたが、主として作物被害の主張にとどまっている。

事故

軍事基地は、人を殺す任務のためにつくられている。それ自体が危険な場所なのである。フェンスの内側は、頻繁に離発着する空港、重工業、爆発物の製造業、原子力発電所などあらゆる危険を抽出したようなところといえる。この死と直結した複合施設を所掌するのは訓練の不充分な一〇代の若者であることもしばしばだった。一九六〇年代、九〇万人に達した沖縄住民の日々の暮らしは深刻な危険性と直面していた。

過積載のトラックが幅の狭い道路で荷崩れを起こし、歩行者を殺した。射撃訓練で山火事を引き起こした。スクラップとして売るため使用済みの薬きょうを拾い集めて訓練場内に迷い込んだ住民が、弾丸や爆弾でばらばらになった。

そして沖縄上空を飛来する航空機の数が増えるにつれ、事故も増加した。一九六五年六月、C130輸送機がパラシュート降下訓練中にトレーラを落下、風で流されて一一歳の女児の上に墜落し圧殺した。また翌年には、別の航空機が嘉手納空軍基地のフェンスを突き抜けて墜落し、外側の道路を走っていた三三歳の運転手を殺した。

またこの時期、人びとを震撼させた事故のひとつが、一九六八年一一月の「黒い殺し屋」と呼ばれたB52の墜落事故だった。嘉手納空軍基地を離陸する間際で滑走距離が不足し、操縦士が飛行を中止して機体を基地内に墜落させた。B52は燃料に引火し、翼下の爆弾に燃え広がった。爆発の威力は凄まじく、滑走路は大きく陥没し、一帯では窓ガラスが破砕した。二〇キロ先まで轟（とどろ）いた爆発音を聞いた人びとは、第三次世界大戦の勃発かと戦慄した。

しかし、この一九六八年一一月の事故では、最悪の事態も起こりえた。もしB52の墜落方向があと五〇〇メートルずれていたら、核兵器を貯蔵したバンカーに墜落したかもしれなかったのだ。そうなればおそらくこの島は、地図上から消えていただろう。

これこそ、ヴェトナム戦争時代の沖縄の暮らしを真に脅かしていたものだった。基地の中に一体何が保管されているのか、本当に知っている者は誰もいなかった。住民も、軍雇用員も、あまつさえ米兵たち自身も「知る必要」を厳しく制限されていたのだ。

そのような状況の中で、最もよく情報を入手していたのは、駐留米軍の真っ只中で報道を生業としていた沖縄のジャーナリストたちである。

ジャーナリスト

国吉永啓（くによしながひろ）が、沖縄タイムス社で報道記者として勤めた三五年間には、ヴェトナム戦争の全期間が含まれている。島の南部・那覇に拠点を置きつつ、トップ記事を求めて沖縄中をかけずり回った彼は、献身的に仕事に徹したジャーナリストであり、私が真に敬意を表したい人物である。

私が国吉と会ったのは、賑わう那覇のデパート店内にあるコーヒーショップだった。コーヒーとケーキのひとときを楽しむ買い物客たちに取り囲まれたその場所は、米国の戦争犯罪について議論するには、いかにも不適切な雰囲気に思えた。

国吉は、米軍基地の取材をすることの難しさから、語りはじめた。それは軍事植民地での仕事に付きまとう障壁に他ならない。ヴェトナム戦争中、沖縄のメディアに対する公然とした検閲はなかったものの、米軍は、当局に対して批判的な記事を書く記者の資格証を没収することが可能だった。資格証がなければ、記者会見に参加することも許されない。これはジャーナリストとしての活躍を阻害し、記者を「締め上げる」のに効果的な手法だった。

「私は何度もそんな目に遭いました

沖縄タイムス記者としてヴェトナム戦争時代の全期間を取材したジャーナリスト・国吉永啓

よ」と、国吉は笑いながら語った。当局が重大と見なした場合は、情報源を明かすよう記者に強要することもあり得た。

米軍当局が軍関連の事件を隠蔽し沈黙するような場合に、圧力には拍車がかかった。それが明白となったのは一九六五年、米軍がヴェトナムに地上戦部隊を派兵したときだった。

沖縄のジャーナリストにとって米軍基地報道は困難な仕事だが、彼には意外な情報源があった。米兵たち自身だ。若く貧しいまま徴兵された彼らの多くは、沖縄の人びとと同程度に米軍への反感を抱いていた。この意味で両者の間には一種の連帯感が生じる素地があった。沖縄の人びとは脱走兵をかくまうのに手を貸し、兵士たちが大学生の反戦ビラにカンパを寄せたエピソードもあった。

一九七〇年一二月、アフリカ系アメリカ人の解放を目指した組織「ブラック・パンサー」に影響を受けたブラック・パワーを標榜(ひょうぼう)するグループは、コザ暴動で米国人の所有する車を焼き討ちし嘉手納空軍基地のゲートを突き破った沖縄の人びとに、賛同のメッセージすら寄せている。

国吉は、彼や抗議行動の人びとに、東南アジアへ爆撃に向かう機体を見分ける方法を教えてくれたのは、米軍の整備兵たちだったと語った。

「燃料タンクに砂糖を混ぜるのです。すると排気が黒くたなびく。それが、北ヴェトナムに爆撃に向かう機体だというサインでした」

一九六八年、読谷

基地の内側で起こっている日常を追うのは難しく、私の沖縄における化学兵器の調査は、高いハードルに突き当たっていた。しかし、元沖縄タイムス記者の国吉が語るエピソードは、隣でチーズケーキを食べていた女性も、青くなって思わずそのフォークを置いてしまうようなぞっとする話だった。

米軍が沖縄のかなりの拠点に核兵器を配備していたことは、よく知られていた。読谷（よみたん）にはナイキ・ミサイルが格納されていた。二〇キロトンの核弾頭を搭載可能な地対空ロケットである。一九六八年、付近の砂糖きび農家が、その一帯から立ちのぼる異様な煙を目撃した。作物が枯れ、農家の間では、何か事故が起こったのではないか、放射能ではないかとの、恐ろしい噂が流れた。国吉は米軍当局に問い合わせたが、米軍は彼の懸念を相手にせず、「作物の被害は雨が少なかったせいだ」とした。

米軍は何か隠していると国吉が確信したのは、その後、この付近一帯の全海兵隊員にガスマスクが支給されたのを知ったからだ。それは国吉も予測していなかった米軍の動きだった。

読谷に関する国吉のこの話は、沖縄におけるエージェント・オレンジ取材を進めるうえで、欠くことのできない二つのポイントを浮き彫りにしている。

第一に、核兵器や化学兵器との関連が疑わしい事故を調査することの難しさである。米軍は不測の事態を公表しようとしないため、自然現象から危険を察知しても、基地の情報にアクセスできなければ、沖縄の人びとは独自の確認作業ができない。

第二に、米軍当局が沖縄住民の健康など一顧だにしない傲慢な態度もよく理解できるだろう。つまるところ、「東洋の命の価値は安い」ということだ。

枚挙にいとまない汚染や事故

一九六八年の国吉の話は、ヴェトナム戦争中に起こった多種の化学物質に絡む、数ある事件の中のひとつに過ぎない。嘉手納空軍基地付近で起こった燃料漏れが、近隣の井戸水を汚染したことなどは、比較的軽微な部類なのだ。

一九七一年、南風原（はえばる）と具志頭（ぐしちゃん）一帯で廃棄された民生用除草剤が深刻な漏出被害をもたらした。民間業者が米軍から払い下げられた化学薬品を不法投棄し、ドラム缶から漏れ出た物質が付近の国場（こくば）川に流れ込んだ。地元の子供たちが腹痛を起こし、三万人の住民への水道供給が停止された。

化学物質の事故に加えて、核兵器に関連する事故も枚挙にいとまがない。一九六五年、沖縄近海一三〇キロの場所で、米海軍の空母USSタイコンデロガの甲板からジェット機が落下しコックピットの操縦士もろとも水没した。その機体には一メガトン、広島に投下されたものの八〇倍の核爆弾が搭載されていた。米国防省がこの事件を認めたのは一九八一年になってからのことで、水没した核兵器の回収すら、いまだに行われていない。一九六八年八月には、沖縄のさらに沿岸近くで核汚染が起こった。放射性物質コバルト60が那覇港で検知され、それは那覇港に頻繁に寄港していた米原潜から排出されたものであることが発覚した。

1971 年沖縄南部でペンタクロロフェノール（PCP）除草剤の補給品処分場を視察する屋良朝苗行政主席（沖縄県公文書館所蔵）

この種の事件が報道されれば、沖縄住民から不安の声が上がるだろう。しかし、私が調べた範囲だけでも、同種の事件は米軍によって隠蔽され、メディアに公表されていないものが多い。例えば一九五九年、ナイキ・ミサイルが那覇空軍基地から誤って発射され、南シナ海に落ちた。ロケットエンジンの後方噴射で近くにいた兵士二名が死亡し、生存者が「ミサイルには核弾頭の実弾が装填されていた」と証言した。空母USSタイコンデロガの核爆弾水没事件と同様に、このときのミサイルはいまだ発見されていない。

一九六二年のキューバ・ミサイル危機直後にも、あわや大惨事という事件が発生している。一・一メガトンの核弾頭を搭載したメース・ミサイルが、恩納村の地下格納庫で電気系統の故障を起こした。警報器が地下施設にけたたましく鳴り響き、若い技術兵が、発火管まで無理矢理上ってミサイルへの配線をやり直した。恐怖の六時間の後、かろうじて危機は回避されたのである。

「万が一、爆発していたら、すぐそばの七機のミサイルに引火していただろう。爆発それ自体が大惨事である上に、この島は数十年先まで人が住めなくなるところだった」と、この兵士は後に語っている。

沖縄のエージェント・オレンジ――沈黙

米兵も沖縄の民間人も、犠牲者になる可能性があった。ヴェトナム戦争中の沖縄に有毒物質や核兵器が大規模に保管されていたという事実は、これらの証言から明らかである。こうしたことを念頭に、長くひっかかっていた問いを、私は国吉に尋ねた。

「記者として報道に携わっていた当時、国吉さんは沖縄におけるエージェント・オレンジの存在について疑いをもっていたのですか？」

彼が何か気後れしたような表情を見せたので、私は彼の気分を害したのではないかと不安がよぎった。

「一九七二年の施政権返還より以前のことですが、米軍には安くて強力な除草剤があるという噂が農家に広まっていました。当時、沖縄で売られていた除草剤は値段が高かったので、この話にみんな飛びついたのです。だが、そうした薬品を使用した労働者が、後にがんで亡くなったという話もありました。……にもかかわらず、一九七〇年代に枯れ葉剤の写真がニュースで報道されるようになるまで、私たちは沖縄にエージェント・オレンジがあるとの疑いをもたなかったのです」

国吉のこの説明は、エージェント・オレンジ調査が明らかにする皮肉のひとつである。米軍がその安全を保証したために、ガスマスクや防護服など、その取り扱いに関する安全基準は明示されていなかった。もし安全基準が示されていれば、沖縄でもそうした危険物の存在に注意が払われていただろう。当時、沖縄の軍作業員や米兵は、ガソリンや洗浄剤など一般の化学品の入ったドラム缶と同じように、除草剤には特段の注意を払わなかった。それはいつも人びとの目に見えるところにあり、誰も気にとめなかったのだ。

国吉との会話から、ヴェトナム戦争中の沖縄の位置づけについて、私は重要な知見を得ることができた。米軍は戦争に必要な物資の移送・備蓄の目的でこの島を使用し、そこには大量の核兵器や化学兵器も含まれていた。米軍は法的に問われないのをいいことに、沖縄の民間人や米兵たちの健康を一切（いっさい）顧慮（こりょ）することなく、事故が起これば、いつも徹底的に隠匿（いんとく）したのである。

こうして考えてみると、エージェント・オレンジが沖縄に存在したかどうかという質問はもはや適切ではない。正確には、戦争マシーンとは切っても切れないこの除草剤が、この島に存在しなかったことにするために、米軍はどれほど必死であったかと、問うべきなのだ。

東村・高江をはじめて訪れたときからずっと、私は沖縄におけるエージェント・オレンジの使用を、犯罪捜査のように考えてきた。事件捜査というものは常に、犯人の動機、手段、機会を立証する必要がある。

在沖米軍について、三つの立証はこれでそろった。動機は、戦場に近い後方支援基地としての沖縄の役割にある。手段は、島中をめぐる輸送体勢によって生み出された。そして、このことについて責任をもつ権限当局といえば、言わずもがなだろう。米軍にとっての「機会」の窓は、占領下の二七年間ずっと開かれていたのである。

こうしていいよいよ、目撃証言を求める時が来た。自身が被害者でもある元米兵たち、沖縄でこの猛毒を扱った当事者である彼らの話に耳を傾けてみることにしよう。

第Ⅲ章

元米兵が語り始める

二〇〇七年、共同通信ニュース

米国の軍役は、個人と国との間で交わす契約である。若者たちは入隊の際、国に命を捧げることに同意する。その見返りとして国は、任務中の負傷に対する補償を約束する。四肢の喪失や麻痺からPTSD（心的外傷後ストレス障害）に至るまで、軍服を身につけている間に負ったすべての負傷に対して、アメリカ政府は毎月の医療費補助を支払う。ヴェトナムでエージェント・オレンジに被曝した退役兵は、一九九一年以来、枯れ葉剤との関連があると認定された一部の疾病について補償が認められている。負傷した退役兵への補償の可否あるいはその金額決定を所掌する政府機関が、退役軍人省である。

退役軍人省のひとつの裁定が、二〇〇七年、共同通信によって報道配信され注目を集めた。「ヴェトナムではなく沖縄でエージェント・オレンジに被曝した退役兵に対して、補償が支払われていたことが判明した」という記事だった。人びとはこの報道ではじめて、沖縄にエージェント・オレンジがあったことを知る。記事の見出しには「米軍、沖縄で枯れ葉剤散布　六〇年代、元兵士にがん」と書かれていた(*)。

退役軍人省の文書によれば、一九六一年から六二年にかけてこの島で任務に就いた海兵隊の元トラック輸送兵が前立腺がんに罹った。名前を伏せたこの退役兵は除草目的で枯れ葉剤を噴霧し、また、やんばるのジャングル戦闘訓練に使用するため運搬したと申し立てていた。

退役兵の申し立て書によれば、彼や同僚兵士たちは、「自分たちが扱っている除草剤の危険性について指導されたり警告されたことはなかった。防護服なども支給されなかった」という。この裁定で退役軍人省は、「当該退役兵が沖縄で任務中にダイオキシンに被曝したという推測を、合理的に裏付ける信頼できる証拠がある」として、退役兵に対してがん治療のための医療費の補償を認定した。

この記事が発表されたのは二〇〇七年だが、退役軍人省の裁定は一九九八年にさかのぼる。九年の空白期間の理由は定かではない。しかし、米軍当局の仕事のやり方を知れば知るほど、取り扱い注意のこの情報は、当事者の退役兵が亡くなるまで伏せられていたのではないかと疑われる。

二〇〇七年にこのニュースが暴露されると、日本のジャーナリストが渡米し、退役兵を突き止めようとした。退役軍人省は身元を明らかにすることを拒み、米軍当局は沖縄にエージェント・オレンジがあったと裏付ける記録はないと、否定した。ご多分にもれず、このときも日本政府は、米国に徹底調査を求めることに及び腰だった。手がかりを遮断されて、日本のメディアは追及の手を収めた。それでもなお、この問題に関心を持ち続けたのは、沖縄で暮らす人びと、なかでも高江の住民であった。

二〇一〇年に私がやんばるを訪れたとき、高江の住民たちは共同通信の記事について、「北部訓練場内にも枯れ葉剤があったという自分たちの懸念と、その内容が符合する」と、私に語った。さらに、退役兵が戦闘訓練のために運搬したと言及したことに動揺を隠せないでいた。というのも、架空の「ヴェトナム村」に雇われた地元の住民がいたからだった。

（＊）例えば以下を参照。「北部訓練場に枯れ葉剤　米軍、六〇年代に散布」『沖縄タイムス』二〇〇七年七月九日。「北部訓練場で枯葉剤　国と米軍に事実究明要求」『琉球新報』二〇〇七年七月九日。"Agent Orange Was Likely Used in Okinawa: U.S. Vet Board," *The Japan Times*, July 9, 2007.

調査の開始

東京に戻った私が最初に着手した調査は、それまでのジャーナリストたち同様に失敗に終わった。米国政府機関は私の質問を無視し、米軍当局からは「沖縄にエージェント・オレンジないし同種の除草剤について使用、貯蔵、輸送したことを示す」いかなる記録もない、というお定まりの否定回答ではぐらかされた。

この件については、従来にないアプローチが必要だと気付いた私は、出発点となったニュースソースに戻ることにした。退役軍人省である。一九九八年の裁定に関するコメントこそ拒否されたものの、ここには任務中に負傷し申し立てを行った退役兵たちのデータベースが保管されていた。その資料を探った私は、調査の範囲を拡大すべきだと直感した。一九九八年の事例は氷山の一角に違いないのだ。

調査の初期段階ですでに一三〇名を超える元米兵が、沖縄でエージェント・オレンジを使用したと申し立てていたことが判明した。本書を執筆中の現時点で、その人数は確認されただけでも二五〇名を優に超えている。その駐留先は沖縄全土にわたり、陸海空軍と海兵隊におけるその部署も多岐に及んでいた。みなに共通していたのは、エージェント・オレンジを扱って深刻な病状に悩まされていたのに、自国の政府が沖縄における除草剤の存在を認めないために、医療費の補償を拒絶され続けている、ということだった。一九九八年に退役軍人省がひとりの退役兵に補償を支払ったという事実も変化に結びつかなかった。一般の法廷とは異なり、退役軍人省の行政裁定は判例主義を採らない。何事もなかったかのように扱われたのである。

私が接することができた記録に、退役兵の個人名はなく、退役兵の議員に橋渡しを頼んだが、個人情報漏えいの懸念を理由に拒否された。被害者の数は数百に上るというのに、ただ一人の名前手がかりすら得られなかった。こうして私は、共同通信の報道が出た当時のジャーナリストには不可能だった情報源、すなわち軍関係者が集まるインターネットのサイトに望みをかけた。

近年盛んになったSNSと呼ばれるサイトは、退役兵たちが何年も消息の途絶えているかつての同僚たちと連絡を取るのに役立っていた。ヴェトナム戦争中、沖縄に駐留した多くの米兵が、島で過ごした想い出を語り合っているサイトが十数件目にとまった。それらのサイトでは、懐かしい食べ物や、行きつけだったバー、地震や台風のことなどが語られていた。その中に、駐留にまつわる別の危険という話題も上がっていた。すなわちエージェント・オレンジである。

除草剤の取り扱いに関する話は、退役軍人省で見た申し立て文書に酷似しており、オンライン投稿しているのもまた、同様の深刻な病状に悩む男女であることがわかる。しかし、私が彼らと連絡を取ろうとすると投稿したメッセージは削除され、ときにはサイトから立ち入り禁止にされ、彼らが進んでジャーナリストに自分の体験を打ち明けてくれるだろうという期待は打ち砕かれた。退役兵個人宛にメールを送ったら、「二度と連絡して来るな」などと、怒りに満ちた返信が来ることもしばしばだった。

何カ月もかかって、私は彼らの敵意を理解した。もしも口外すれば、退役軍人省は確実に申し立てを却下するだろう、彼らはそれを恐れていたのである。

「退役軍人省は報復をする」――そのうちの一人が私にそう言った。

さらに懸念を深める退役兵もいた。その人は自分が軍との間にトラブルを起こせば、従軍している自分の子供たちが、政府から罰せられるかもしれないと恐れていた。電話が盗聴されているのではないか、あるいは経営する会社が税務調査官の特別査察の対象になるのではないか……などと心配する人もいた。彼ら退役兵たちには、高江の人びととの共通点が多い。危機にさらされ、恐れているのに、誰も彼らを助けようとしない。そうとわかって私はますます、この調査を諦めるわけにはいかないと考えた。

私は彼らの拒否反応にあってもメッセージを投稿し続け、メールを送り続け、太平洋を横断して電話をかけ続けた。彼らは孤立してはいないということ、私が助けたいと思っていること、沖縄の人びとと彼らに行われた犯罪的行為は、世界中に知らされるべきだということが、少しずつわかってもらえるようになっていった。

最初に声を上げた退役兵たち

高江の住民から初めて沖縄のエージェント・オレンジの話を聞いてから六カ月がすぎた二〇一一年四月、私は「沖縄におけるエージェント・オレンジの証拠」と題した記事を『ジャパン・タイムズ』紙に発表した。(注1) その記事は沖縄でエージェント・オレンジを使用したという、記録に残された最初の退役兵の証言について取り上げたものだった。記事が掲載されるとすぐに、それまで連絡を取ろうと頑張ってきたサイトにそのことを投稿した。

このときは、今までになく好意的な反応が返ってきた。記事をきっかけに、より多くの退役兵が声を挙げる気になってくれた。はじめは三、四人が一歩踏み出した。つぎに一〇人、一五人、二〇人。ほどなくして、私は三〇人以上の退役兵と連絡を取るようになった。

彼ら一人ひとりの証言は、この犯罪現場の全体像に一つひとつ、パズルのピースを埋めるものであり、さらなる不正行為を炙(あぶ)り出すものだった。知れば知るほど私の怒りは増幅した。この犯罪は終わったわけではないのに、米国政府は永遠にこれを隠し続けるつもりなのだと、私は理解するようになった。元兵士たちの多くは病に冒されている。私がぐずぐずしている間に、真実も彼らとともに葬り去られてしまうだろう。

彼らの証言を直接聞かなければ……。私はそう考えてアメリカに飛んだ。

（注1）Jon Mitchell, "Evidence for Agent Orange on Okinawa," *The Japan Times*, April 12, 2011.

帰還兵（アライバルズ）たち

アメリカ南西部のジョージア、ノースカロライナ、フロリダは、米国のなかでも経済的に貧しい地域で、白人労働者階級とアフリカ系アフリカ人のコミュニティが多く集まる。それはとりもなおさず、従軍の見返りに職業訓練を約束すれば、簡単に入隊希望者が確保できる集団と見なされていることを意味する。だが、そのような約束はいつも反故（ほご）にされるのだ。そして退役兵たちは従軍中に心身に傷を受けて故郷に帰還する。米軍当局は、若者たちの入隊が途切れることのないよう、愛国主義の幻想を保ち続けるべく、あらゆる手を尽くす。

アトランタ空港で乗り継ぎ便を待ちながら、そのことを再認識させられた。アフガニスタンから帰還したばかりの部隊を、空港全体が起立して拍手と歓声のうちに迎えたのだ。まだ子供みたいな顔の兵士たちが、通り過ぎ行く人びとからの賞賛に対して、恥ずかしさと疲れも入り交じりつつ、無理に笑顔を浮かべて見せていた。

ノースカロライナの空港近くのホテルの会議室で、私はジェームズ・スペンサーと面会した。その日、私が見た帰還兵たちと違って、一九七〇年に沖縄から帰還したスペンサーたちが歓迎のパレードで迎えられることはなかった。ヴェトナム戦争中の多くの兵士がそうだったように、明らかに敗北に終わるその戦争を忘れたがっている国に、彼らは帰還したのである。

スペンサーは車椅子の生活をしており、私との面会のために息子がその日一日仕事を休んで送迎をしてくれた。六二歳のスペンサーは、実年齢より一〇歳以上は年老いて見えた。何度も電話で話してはいたが、実際に目の前にいる彼は、弱々しく、その声は乾いてしわがれていた。

スペンサーは、沖縄におけるエージェント・オレンジの実態について証言することに同意した最初の退役兵のひとりであった。そしてエージェント・オレンジが沖縄に運び込まれた時の様子を誰よりもよく知っていた。彼のその両手が荷役（にえき）作業をしたのだ。

一九六八年一〇月から一九七〇年五月の間、スペンサーは陸軍の主要な補給拠点であった那覇軍港に勤務した。

「ヴェトナム戦争に向かう途上の、あらゆる物資の積みおろしをしました。食糧、弾薬、補給品。米国から船が入港すると、私たちは荷おろしをし、三日ほどの内に再び積み出すのです」

自国の政府に嘘つき呼ばわりされ、黙殺され続けてきたスペンサーだが、その証言は詳細にわたるものだった。急いで話そうとするあまりに、彼は息つく間もなかった。

「エージェント・オレンジは、およそ二カ月に一回程度、那覇港に届きました。何百ものオレンジ色の帯が描いてあるドラム缶でした。二箇所あった大きなハッチは、高く積み上げられたドラム

ジェームズ・スペンサー＝左と筆者（ノースカロライナ）

缶で埋めつくされるほどでした。一段並べたあとで木の板を敷き、その上に次の段をつくって、全部で五段になるまで積み上げました」

スペンサーによれば、沖縄にエージェント・オレンジを運んだ船は、「シー・リフト号」「コメット号」「トランスグローブ号」などであった。いずれもヴェトナム戦争で物資を運搬して太平洋を縦横に航行した巨大船である。積荷目録からエージェント・オレンジの持ち込みが証明できないかと尋ねると、スペンサーは首を横に振った。軍隊の通例で、そのような記録は処分されたという。

スペンサーの話を聞きながら、私は同じ港湾で作業をした別の退役兵の話を思い出していた。運搬管理役務に就いたグレン・ハーマンの証言が、とくに私の心に引っかかっていた。

「何層もの、灰色のアルミ製棺桶と、それを取り巻くようにオレンジ色の帯のドラム缶がありました。戦争とは、ありとあらゆる方法で、あまりに多くの若者に死をもたらすものだ、私はそのことに気づきました」

ジェームズ・スペンサーの損なわれた健康

米軍当局は自軍にもヴェトナム市民に対しても、エージェント・オレンジの危険性を隠していた。スペンサーや仲間の荷役作業兵たちも同様に、その危険性について何ら教えられることはなかった。スペンサーによればドラム缶は合州国からの長い航海のため、破損していることが多い。中身は漏れて、船倉は汚水に浸っていた。排水しながら走る船の航跡には魚の死体が浮いた。

エージェント・オレンジのドラム缶をおろす作業で、その内容物に接触しないわけにはいかなかったとスペンサーは言う。

「液がこぼれて雨のようにかかったので、制服は着替えざるを得ないし、次にまたその制服を着ると発疹が出たりしました」

スペンサーも同僚兵たちも、沖縄人であろうとアメリカ人であろうと、だれひとりとして安全装備は支給されていなかった。

当時のスペンサーにとって、エージェント・オレンジを浴びる作業とは、ちょっと気障りな役務、困難な任務の中でも嫌な作業のひとつという程度のものだった。だが、今それが彼の命を奪おうとしている。スペンサーは制御不能な糖尿病のせいで仕事を辞め、歩くことも車の運転もままならない。糖尿病で視力も奪われた。神経障害が体中に凍傷のように広がって、両膝から下が麻痺（まひ）している。

「じきに私は指先や腕の感覚を失ってしまうでしょう」

一〇年にわたってスペンサーは、退役軍人省に援助を求め続けた。しかし当局はいかなる支援も拒否し続けた。なぜなのか？

「沖縄にエージェント・オレンジはなかったと当局は言います。私の言うことは信じられないそうです。でも私のことは私が一番よくわかっています。私は嘘つきではありません」

スペンサーの言い分は、アメリカ滞在中に出会った退役兵たちの多くに典型的に見られたものだ。従軍を誇りとし、最善を尽くして任務を行った。沖縄には良い思い出もある。日本語を学び、米国人の妻は焼きそばも作れる。

「沖縄の人びとは素晴らしかった」と、思い出すたびに、彼の表情には罪の意識が影を落とす。

「何の落ち度もないあの人たちのコミュニティに、私たちの病が広がっているのです」

スペンサーは、まだそこにあるという感触を確かめるかのように、指先をひとつ、ひとつとひねりながら言った。

「私は退役軍人省にわからせるため死ぬまで闘います。他にも苦しんでいる人たちがいる。私は彼らとともにあることを知ってもらいたい。ジェームズ・スペンサーは味方だとわかってもらいたいのです」

別れを告げる前に、彼は自分自身、もっとできることがあったのではないか……と詫びた。私は彼の証言には計り知れない価値があることを強調した。彼はあのとき沖縄でエージェント・オレンジの積荷を受け取った。この先に続くのは、それが広く使用されていく過程を明らかにする長い道のりであり、その端緒を、彼は私に開いてくれたのである。

那覇港の荷おろしから備蓄まで―ラリー・カールソン

スペンサーは、エージェント・オレンジが沖縄に持ち込まれた状況を明らかにしたが、那覇港を出た後、それがどのように保管されたのかについては詳しく聞くことができなかった。

南へ向かった私がフロリダで会った退役兵が、その答えを持っていた。

六七歳のラリー・カールソンは、妻とひ孫と一緒に小さな家で暮らしていた。慎ましさのなかでも、手料理でテーブルをいっぱいにして客人をもてなす、そのような人びとであった。インタビューのあいだずっと私に対して「サー」と呼び続けたカールソンに、三〇歳も年の離れた私は少し申し訳ないような気持ちがした。

スペンサー同様、カールソンも何年ものあいだ嘘つき呼ばわりされ、ついに話を聞いてくれる人物が現れたことに安堵していた。細部にわたって明晰(めいせき)な彼の説明は、数多くの日付と基地・船舶の名称によって裏付けられていた。

カールソンは職業軍人だった。沖縄の前は、朝鮮半島非武装地帯で任務に就いていた。北の山脈が間近に見える距離だったという。彼は軍隊に対して誇りを抱いており、真摯(しんし)に軍務に就いていた。

沖縄でカールソンは、那覇港の第四十四補給部隊にいた。スペンサーとの接点はなかったが、ふたりの説明は一致している。「シー・リフト号」「トランスグローブ号」が七、八週間おきに積荷を

肺がんの手術跡を見せるラリー・カールソン（フロリダ）

満載して到着した、そのなかに何百本ものエージェント・オレンジのドラム缶が含まれていた。一九六六年には多忙を極め、除草剤を求める空軍からの頻繁な要求で、在庫がほとんど底をつく状況だったという。

「あのころは猛烈な日々でした。船から積荷をおろすのに時計が一回りしましたよ。日本人の作業員も一緒でした。クレーンが、一回に一〇本から一二本のドラム缶をつり上げ、我々のトラックの荷台におろすのです。ドラム缶は変形して中から液体が漏れ出していました。それで我々もエージェント・オレンジを浴びたのです。びしょ濡れになりました。自分たちのシフトの間中、一二時間以上もその制服のままでいなければならなかったのです」

カールソンのついた溜息が、そのまま喘息のような咳になる。妻が冷たい水の入ったコップを渡すが、それには手を付けもせず、話を続けようとした。

「那覇港では、トラックをずらっと一列に並べたものです。沖縄の主要な補給地にドラム缶を運搬するよう命令がありました。牧港補給廠、嘉手納空軍基地、キャンプ・シュワブに運びました。ドラム缶が何本必要だと伝えられると、どこへでも必要な数を運ぶのです。そこで荷をおろし、那覇港に戻ります。その繰り返しです」

突如、キッチンでタイマーの鳴る音がした。カールソンは神妙な面持ちで立ち上がった。

「薬の時間なのです」

退役軍人省、補償金を打ち切る

引き出しから取り出したプラスティックのケースは、一週間分、毎日の朝・昼・晩に小分けにされていた。一つひとつの区画に色とりどりの錠剤が詰まっていて、それが彼の命をつないでいる。

「パーキンソン病です。腎臓も働きません。肺がんが進行中で、左の肺の半分を摘出しました」

Tシャツをたくし上げるのを妻に手伝ってもらって、ようやくカールソンは、背中にある長く引きつれた傷跡を見せることができた。

「時々、パーキンソン病のせいで赤ん坊のようにしか歩けなくなります。前に進みたいのに同じところで足踏みをしているのです」

言うことをきかない体に歯がゆい思いを抱いているように、頭を振りながら彼は話した。

「軍からは、エージェント・オレンジが漏れた場合どのようにすべきか、指導はありませんでした。手袋もマスクもなかった。それがどんなに危険なものか知らなかった、ただ、ヴェトナムの森林を枯らすのに効果がある、としか知らなかったのです」

数年前、カールソンは那覇軍港で一緒に任務に就いた五人の同僚兵士と連絡を取り、退役軍人省へ訴えるために、彼らが見たことを証言する誓約文書を書いてもらった。何百本ものエージェント・オレンジのドラム缶、漏出、防護装備の不在などである。同僚兵たちも同様に被曝し、病気になった。そのうちのひとりは前立腺がんを発症しており、また証言文書を書いた直後に、別のひとりが虚血性(きょけつせい)心疾患で亡くなっている。

カールソンは自分の訴えに、この五名の証言を添えて退役軍人省に送り、医療費補助を訴えた。二〇一〇年七月に受け取った回答には、次のように書いてあった。

「肺がん……について提出されたあなたの申し立ては、退役軍人省の所有する情報と証拠によって立証されたと裁定しました」

カールソンの医療費を補償するため、月に二八〇〇ドルが認定された。これがなければ彼は薬代を払うことができない。

「手紙を受け取ったとき、自分は恵まれていると感じました。見えない手が決定を下す人物の心に触れてくれたおかげで、私の申し立ては認定されたのだと思いました。退役軍人省には本当に感謝しているのです」

ところが、二〇一二年五月になって、カールソンは退役軍人省から二通目の手紙を受け取った。それは、補償金の支払いを停止する、という内容だった。

「文書の中に誤りが発見されたと言うのです。誤りは明白で疑いの余地がないと言うのです」

椅子に腰掛けていた私は、居心地の悪さを感じて身じろぎした。退役軍人省が突然、補償金を打ち切った理由が、私には想像できたのだ。私の調査のせいだ。(*)米国政府がこれを察知して、末端に至るまでテコ入れしたのだろう。私の調査は、百害あっても一利無しというわけなのか！

カールソンは頭を振った。

「理由は違います、サー。いったいどれほどの費用がかかっているかご存知ですか。もし私に補償金を支払うなら、当局は沖縄でエージェント・オレンジを取り扱った何万人もの退役兵に対しても、同じく支払わなければならなくなります」

財政的な理由から、過去五〇年間にわたって、ヴェトナムにおけるエージェント・オレンジについて米国政府は嘘をつき続けてきた。私が連絡を取ってきた退役兵グループの試算によれば、カールソンや沖縄で毒物を浴びた米兵のために、米国政府は何億ドルという金額を拠出しなければならなくなる。加えて、その先に待ち構えているのは、沖縄の民間人を汚染し、「太平洋の要石」の足下の土地を猛毒にさらしたという政治的問題である。

カールソンの言葉に頷きつつも、私の調査は、代償もまた大きいことを思い知らされた。

私の緊張に気づいたのだろう、カールソンは庭を案内してくれた。トマトやキュウリの苗を見せてくれる彼の姿はまるで、自分の周囲を緑でいっぱいにすることで、自分が積みおろした枯れ葉剤の過去を埋め合わせたいかのようだった。

カールソンはブドウの木の方へ行き、注意深くつるを結びつけた。

「来年には美味しいブドウの実がなるよ」

彼の妻と目が合う。私たちふたりは同じことを思っていた。彼が育てている果実の、その収穫の日まで、どうか生きながらえてほしい。目をそらして涙を拭う私の肩に、彼の妻が手を掛けて、言ってくれた。

「旅はまだ先が長いのでしょう。お弁当を包むから持っていってくださいね」


（＊）カールソンについて最初に採り上げた報道は以下。Jon Mitchell, "U.S. Vet Pries Lid Off Agent Orange Denials," *The Japan Times*, April 15, 2012.

拡大する犯罪現場

スペンサーとカールソンへのインタビューは、私が連絡を取り付けた複数の退役兵の証言を裏づけるものだった。だれもがみな、大量のエージェント・オレンジが沖縄に持ち込まれたのは、米国のヴェトナム戦争を支えた物資補給網の一環として行われたことだったと確信していた。いったん沖縄で保管され、その後、紛争地帯へより小規模の艦船で輸送されたのである。

退役兵たちが証言したドラム缶の数は、驚くべき規模であり、軍港で任務に就いた何百人という駐留米兵がこの毒物に接触したであろうし、沖縄の荷役作業員たちも同様であろう。また、証言から明らかなのは、米国政府が事実を否定し、真実をねじ曲げているということである。軍は「沖縄に向けてエージェント・オレンジを運搬した船舶の記録はない」と、繰り返し主張をしてきたが、この種の化学物質の運搬を担ったのは民間船であった。表現上の詐術によって、知らぬ存ぜぬという否定を可能にしたのである。

スペンサーやカールソンら被曝を主張したすべての退役兵たちへの対応を見てわかるのは、米国政府はヴェトナム戦争中に行ったのと同様に、真実を隠しておくためには、自国の兵士が犠牲になろうとお構いなしということである。

この問題の調査をはじめたとき、私には疑念もあった。確かに凄まじい状況とはいえ、それは例えば那覇港と北部訓練場など、限られた数カ所の駐留施設で起きたことだろう、と。しかし、沖縄におけるエージェント・オレンジ持ち込みの規模が、ようやく私にも理解できるようになっていた。

天願桟橋とホワイト・ビーチ—スティーヴ・エイキン

この犯罪的行為の本当の規模について、当初から懸念していたのはスペンサーだった。

一九六八年の夏、彼と同僚の兵士たちは、天願桟橋（てんがんさんばし）に配置された。沖縄東海岸の米海軍施設である。桟橋はしばらく使われておらず、高さ一メートルを超えるような雑草が生い茂っていた。ヴェトナム戦争への介入の度合いを深めるに従って、軍はこの桟橋を再び活用することにした。使用可能な状態にすることが、スペンサーたちの任務だった。

スティーヴ・エイキン（1964年沖縄ホワイト・ビーチで、同氏提供）

スペンサーは除草剤を充填したタンク付きのバックパックを支給され、一帯への噴霧を命令された。

「充填した薬剤について尋ねたところ、ヴェトナムでジャングルを壊滅させるのに使っているものと同じだと言われたのです。私たちが船から積みおろしたオレンジの帯のドラム缶と同じ臭いがしました。防護装備は一切支給されませんでした」

スペンサーは桟橋一帯に薬剤を噴霧し、その効果に瞠目した。

「数日以内にすべて枯れ果てました。ジャングルでも大いに効果を発揮したに違いありません」

似たような説明を、私はスティーヴ・エイキンからも聞いている。彼は米海軍の電気技師兵で、一九六〇年代初頭に沖縄に駐留した。枯れ葉剤は道路脇の雑草を除去する目的で、トラックから定期的に散布されていたと彼は語っている。散布作業には米兵や沖縄の従業員も携わっていた。

とくに重点的に撒いたとされるのがホワイト・ビーチ、沖縄東海岸に位置する海軍港であった。

エイキンによれば、「沖縄人作業員が、バックパックを使って野原に噴霧した。東西にわたって全

1964年除草剤が撒かれたホワイト・ビーチ一帯（エイキン氏提供）

域の噴霧を完了するのに、数日間かけて作業をしていた」という。

彼が私に送ってくれた写真が、その効果を物語っていた。そこには荒涼となった土地が、薬剤を撒かれないまま残った緑の一帯と、驚くべき対照を見せて写っていた。それは私がヴェトナムのホーチミン市にある戦争証跡博物館で見た、枯れ葉剤を撒かれた土地の写真を彷彿させるものだった。

泡瀬通信施設は見栄え良くなったんだ―ジョー・シパラ

沖縄での噴霧作業の実態についてさらによく知るため、私はジョー・シパラを訪ねた。彼はベアハッグの羽交い締めで私を歓迎してくれ、おまけにガッチリと交わした握手のおかげで、その日一日、ペンを持つのも辛かったくらいだった。男らしく、その体躯に似合った大きな声で話をした。しかし、何日か過ごしてみて、容姿がこの人を裏切っていることが判るようになった。

シパラは、一九七〇年から七一年にかけて、沖縄東海岸にある米空軍の泡瀬通信施設での任務に就いた。そこは嘉手納空軍基地を離着陸する航空機の通信のために使用される、二〇機の巨大な通信設備の拠点であった。大規模な電力を必要とするこれらのアンテナのために、巨大なディーゼル発電機を運転するのがシパラの任務だった。

その技術のために、シパラはエージェント・オレンジに接する羽目になったのである。

「軍隊の仕事はそういうものだよ」と、シパラは言う。

「発電機を回せるなら、芝刈り機だって操作できる。それができるなら、別のやり方で基地を維持管理するのも造作ないだろうということだ」

ヴェトナムでも、米兵は敵襲を防ぐために、基地の周囲にエージェント・オレンジを噴霧していたというが、沖縄で使われた目的は、シパラに言わせれば、上官に見られてもよいように、きちんと手入れが行き届いているようにしておくことだった。

「バックパック噴霧器にエージェント・オレンジとディーゼル油を半分ずつ入れる。フェンス沿いの土手、兵舎、燃料備蓄タンク周辺に使った。噴霧しておけば、見栄えも良く検査にも合格した。草も生えないし蚊も寄せ付けなかったんだ」

シパラにも防護装備は支給されていなかったし、薬剤の危険性について警告もされていなかった。

「泡瀬は海岸沿いにあって、風がいつも海に向かって吹いていた。私は自分が撒いたエージェント・オレンジをよく浴びたり吸い込んだりしていた」

のびのびとバイクで走るシパラ。すぐ側にエージェント・オレンジのドラム缶が見える（1970年泡瀬通信施設）

さらにシパラは、海軍電気技師兵のエイキンと同様に、特別な維持管理用トラックが、定期的に基地に来ていたことを覚えている。

地面に向けて散布するための装備を備えた車両の荷台には、オレンジの帯のドラム缶が積んであり、一週間にわたって敷地内に除草剤を撒く。約二週間後に戻って来ると、今度は別の一帯に散布する。基地用地全体の除草作業が完了するまで、この手順が続いた。

シパラは私を寝室に案内した。部屋の一角に背の高い鉄製の金庫が置かれていた。彼にまつわる世界のすべてがその中に詰め込まれていた。結婚式の宣誓書や猟銃と一緒に、紙に包まれて大切に保管されたそのカラー写真はあった。

一九七〇年、彼が泡瀬をバイクで走る姿を撮ったものだった。写真の彼は若くハンサムで、解放感に溢れていた。背後には、置き場に並んだ九本のドラム缶が見える。そのうちの一本はオレンジ色に塗られていた。

「こいつに俺たちが保管していたエージェント・オレン

ジが入っていたんだ。撒くときにはいつもここからバックパックに詰めていた。維持管理用のトラックが来たとき、中身が減っていればここに補充して行ったよ」

彼の表情に記憶の暗い影が差した。

「フェンスに噴霧していると、ときには、学校帰りの女の子たちが通りかかったから、金網越しにチューインガムをあげたりしたんだ。みんな、くすくす笑ってお辞儀をしてくれた。毎度お馴染みのことになっていたからね。今になって思えば、俺はあの子たちにエージェント・オレンジの水たまりの上を歩かせたことになる。今ごろは四五歳くらいになっているだろうか。あの時の子供たちが今も元気でいるかどうかさえ知らないんだよ」

シパラは、私たちのインタビューを前日までに済ませていればよかったよ、と言った。たくましい姿を見せ、そのように振る舞うこともできていただろうにと。だが彼が撒いたエージェント・オレンジの代償として支払ったのは、自分自身の健康だった。

一九七一年に沖縄から帰還して間もなく、彼は血管性頭痛を患い、糖尿病の初期症状のため、足に運動障がいが出た。それ以来、病状は全身に広がり、結腸を一フィート（約三〇センチ）切除し、二〇一一年に胆のうを摘出した。このため、深刻な下痢症状に悩まされることになった。

私が訪問した日、彼の家の便器は一面血の海だった。

子供たちとその未来

ジョー・シパラ（ノースカロライナの自宅で）

一九七一年、沖縄から帰還してすぐ、すでに健康状態に問題を抱えていたものの、シパラは落ち着いて家庭を持ちたいと望んだ。この年に、高校時代からのガールフレンドと結婚し、間もなく彼女は身ごもった。シパラはその知らせを聞いて、この上ない歓びに満たされた。しかし数カ月後、妻は腹部の激痛に見舞われて、病院に緊急搬送される。

「最初の子は流産だった。そのときに医者に言われたことが忘れられないよ。『胎児が亡くなったことは幸運だったと思いなさい。先天性異常がはなはだしかったので、生まれていても幸せではなかったでしょう』と言われたんだ」

シパラの話を聞いて、私はトゥーヅー病院のガラス瓶の赤ちゃんや、肉塊のように生まれるヴェトナム・ベビーに関するフォーン医師の研究のことを思い出していた。だが当時のシパラには、沖縄での基地管理任務と最初の子の流産を関連づけることはできなかった。それは一九七〇年代初頭のことであり、エージェント・オレンジの危険性については、いまだ米国政府によって隠されていたころのことだった。

妻がその後産んだ子供たちが二人とも、生まれながらに父親のダイオキシン被曝の影響を負っていた。シパラは何かがおかしいと疑いをもちはじめた。

シパラは二人の子供たちに会わせてくれた。ニコールは三七歳のビジネス・ウーマンで父親ゆずりの笑顔の持ち主、ＡＪは三五歳でこざっぱりとした印象を備え、発電所の現場監督を勤めている。二人とも魅力的な成人であり、それは父親の性格を受け継いだことによる。だが、それぞれに痛みを隠し持ちながら、彼らは大人になったのだ。

ニコールは両足に先天性異常をもって生まれた。つま先が内反して別の指に被さって、鳥の足のようだった。これはダイオキシン毒害の第二世代に特徴的な症状で、私はヴェトナムの旅でも同様の症状の人びとに出会っている。

子供のころ、障がいはニコールの日常生活に影響を及ぼした。彼女は他の子供たちのように走ることができなかったのだ。シパラは彼女を専門医に診せたが、医師はみな、外科手術ができるようになるまで成長を待つようにと言った。

「一九歳のときに二度の手術を受けました」と、ニコールは語った。

「手術は五、六時間もかかりました。ピンを挿入し骨移植をしました。八週間もギプスが取れませんでした」

ニコールは靴を脱いで見せてくれた。つま先は今でも曲がっていて、両方の足の甲にはピンク色の長い手術の傷跡が残っていた。

「以前よりはましになったけれど、今でも痛くて走れません」

ニコールのダイオキシン被害は外側に出たが、弟のそれは体内で発症した。ＡＪは少年のころ、低血糖症の初期症状を発症した。

「血糖値が激しく上下し、授業に集中できませんでした。よくボーッとしてしまうことがあった。先生たちは、私が知的な発達障がいだと思っていたようです」

血糖の検査によって、原因が判明した。しかしそれがすべてではなかった。十代のころには口腔(こうくう)に発達異常が見られ、顎の骨が突き出たようになる顎(がく)変形症を患った。

医師や専門家たちは、とくにシパラと妻の両方の家族に先天性疾患の病歴が見られないこともあって、ニコールとＡＪの症状に当惑した。シパラは、自分の健康状態を調べるようになってはじめて、真実を知ることになる。

「ヴェトナムにおけるエージェント・オレンジの使用を問題にしたドキュメンタリーで、ヴェトナムの赤ちゃんの先天性異常のことをとり上げていた。そこで、ヴェトナムでエージェント・オレンジに被曝した退役兵の子供たちもまた、障がいを持って生まれていると知ったんだ」

家族三世代に及ぶ影響—リック・デウィーズ、カエテ・ガーツ

私がコンタクトを取った他の兵士たちにも共通するのは、沖縄で受けたエージェント・オレンジの痛ましい影響が、その子供たちにも強いられているということだ。これは元兵士のラリー・カー

ルソンにも当てはまる。彼の妻は三人の女児を流産し、四番目の子供は皮膚がんを患っている。彼らを診察した医者たちもまた、彼と妻の家族に同様の病歴がないことに困惑した。

リック・デウィーズの話は典型的だ。一九六九年から七〇年に沖縄に駐留し、那覇港でエージェント・オレンジ被曝をしたと考えられる彼は、米国に帰還した後、妻の出産異常が続いた。

「最初の子は流産でした。次の子は息子で、五体満足と思っていたら、四歳の時に腎臓を摘出し、五歳の時には三度も手術しました。二番目の息子は、二重関節や脊髄に先天性の障がいをもって生まれました。娘は甲状腺その他に障がいを抱えています」

これらの障がいはいずれもダイオキシン被害に関係しており、ヴェトナムでエージェント・オレンジを浴びた人びとの子供たちに共通して見られる。

もっとも痛ましい話は、海兵隊員だった女性、カエテ・ガーツから聞いたものだ。彼女は一九七五年に、沖縄中部のキャンプ・フォスターに勤務した。沖縄駐留中に妊娠したガーツは、ダイエットのため基地周辺を歩くようにしていた。その散歩の途中でしばしば彼女は、敷地管理の作業員がエージェント・オレンジをフェンス周囲に沿って噴霧する姿を見かけていた。

「ある時、撒かれたものが吹き返して顔にかかりました。そのときはとくに気にもしなかった。単に拭っただけでした」

インタビューのなかでガーツは、彼女がこのようにして枯れ葉剤に接する前に、キャンプ・フォスターの給水タンクから供給された水を、大量に飲んでいたことにも懸念を示した。沖縄は湿度が高いから妊娠中は意識的に水を飲むようにと医者から言われていたのだった。

その後、ガーツは多発性骨髄腫を発症した。アフリカ系アメリカ人の六〇代の男性に高い発生率が見られると報告されている骨髄がんであった。発症した時、彼女は四九歳だった。被曝したとき胎内にいた彼女の娘は、両足に先天性の障がいをもって生まれ、後に二型糖尿病を発症した。二番目の娘も骨に障がいをもつ。二人の娘は自分たちの出産の際にも、卵巣嚢胞（のうほう）と卵管妊娠など深刻な症状を経験した。ガーツの孫の一人は視覚に障がいがあり、一〇歳のときに白内障を発症した。

カエテ・ガーツ（沖縄に駐留した 1975 年ころ）

「エージェント・オレンジは私の家族三世代に毒害を与えています」と、ガーツは二〇一二年の夏に私に語ってくれた。その三カ月後、彼女は亡くなった。

退役軍人省は、効果が最も期待できるがゆえに費用もかさむ治療薬のための補償金を拒否し続けた。高額な医療費のため、彼女は死の間際まで赤貧の中にあった。私に送られた最期のメールのなかで、彼女はこう記していた。

「私は自分が正しいと思うから後には退か

ない。最後まで踏み留まる。私は声を上げて闘う。一人の声よりもたくさんの声が上がれば強くなれるから」

ノースカロライナでシパラは、正義を追求するというガーツの決意を共有していた。彼もまたその日を生きて自身の目で見ることはないだろうと知りつつ、子供たちのために闘っている。

「俺の身にもなってみてくれ。沖縄から戻ったずっと後で生まれた子供たちは、散布とは何の関係もない。いったい何世代先までこんなことが続くんだ」

シパラの怒りの底からは、罪の意識がふつふつと沸き上がっている。自分が撒いた化学薬品の毒性について知らなかったとはいっても、我が子の障がいに対して責任を感じずにはいられないのだ。

シパラの話が続くなか、私はニコールとＡＪの表情を盗み見た。二人はしっかりとした大人で定職にも就いている。「ふたりも自分の子供を持ちたいかい」と私は尋ねてみたかったのだ。だが、その答えを想像して、私は躊躇してしまった。父親の浴びたダイオキシンの影響を引きずって生まれた自分たちも、またその子供に被害を受け渡してしまうのではないかと、そのような恐れを口にするのではないだろうか。そう思って私は黙ることにした。父親ならだれでも、我が子からそのような言葉を聞きたくはないだろう。

SNSコミュニティ Agent Orange Okinawa

シパラを見るたび、私はトー少将のことを思い出した。ＶＡＶＡ（ヴェトナム枯れ葉剤・ダイオキシン被害者の会）ホーチミン市支部の代表である。かつて敵同士だった両者だが、今のふたりには共通点が多い。ふたりとも強靭な男で、国への貢献を誇りに思い、彼ら自身と友人たち、そして家族に対して行われた犯罪に、激しい怒りを燃やしている。

シパラはこの怒りに打ちひしがれて終わるのではなく、怒りを仲間の退役兵たちの救済につなげる道を選んだ。ガーツのように、彼も数は力であることをわかっていた。

二〇一一年四月、シパラは沖縄でエージェント・オレンジに被曝した退役兵たちに特化した、SNSサイトを立ち上げた。

「当初はほんの一握りの人たちだったが、この話が広がるにつれて、どんどん拡大した。七カ月後には、二五万ヒットを記録し、世界中から三〇〇人を超すメンバーにふくれあがった」と、彼は自宅で私にそう教えてくれた。

サイトでは、退役軍人省とのやり取りのアドヴァイス、似たような病状に対処する健康面でのヒントなどが情報共有された。病気にかかればその人の味方となり、メンバーが亡くなったら寄付を募って葬儀に献花した。米国の各地で、長年にわたってばらばらに孤立したまま、沈黙のうちに苦しんできた人びとが、声を上げることができる場がこうして誕生した。

シパラはこのネットワークに心血を注いだ。早朝六時三〇分にログインし、床に就く間際まで一日中サイトにいた。私たちが話している間にも、新しいメッセージが彼に届く。この時は一九七〇年代初頭、嘉手納空軍基地のフェンス周囲にエージェント・オレンジを噴霧したという空軍退役兵だった。シパラが一覧表にしてあるその人物の病状は、前立腺がん、糖尿病、虚血性心疾患とある。退役軍人省が彼の申し立てを却下したばかりで、彼はシパラに助言を求めたのだった。

シパラは返信を打ち始めた。が、すぐに止め、怒りながら書いていた内容を削除して、その手で顔中をこするようにした。

「彼に何をいってやればいいというんだ？　退役軍人省は補償金を却下するためなら手段を選ばないぞ、と警告でもしてやればいいのか。退役軍人省は聞く耳を持たないだろう。『遅らせろ、却下しろ、退役兵がみんな死ぬまで』が彼らのスローガンなんだよ」

シパラの手は小刻みに震え、その目に光るものを湛えているのが見えた。

「我々の国はヴェトナムで戦争をした。国民に兵役を求めた。俺たちはもろ手を挙げて応え、自分の年月を捧げたんだ。だが今やどうだ。俺たちは病に冒されているが、国は背中を向けて知らぬ存ぜぬだ」

シパラは起ち上がって冷蔵庫を開け、糖尿病を抑制するためのプロテイン・バーをムシャムシャとかじった。そして座り直すと、落ち着きを取り戻した。正義のための闘いは長く困難な道のりだと、わかってはいるのだ。しかし目の前で、病気の退役兵が助けを求めている。シパラはパソコンの前に戻った。

「兄弟。諦めるな。退き下がるな。みんなで声を上げれば、やつらを変えるチャンスも生まれる。いつか勝てる。愛すべきは国、恐れるべきは政府だ。忘れないでおこう」

キャンプ・マーシーの犬たち――ドン・シュナイダー

「愛すべきは国、恐れるべきは政府」

この言葉は、私が出会ったアメリカ合州国の退役兵たちのモットーとなっていた。彼らはみな誇り高き愛国者であったが、同時に国の指導者や官僚たちに対しては深い疑念を抱いていた。彼らもエージェント・オレンジは安全だという米国政府が流布した嘘の犠牲者であり、沖縄で使った除草剤が原因で発病したと申し立てているのに、それを虚偽だと繰り返し決めつける退役軍人省の処遇に、挫折感を味わわされてきたのだ。

ドン・シュナイダーもまた、当局との闘いに疲弊した退役兵のひとりである。二〇〇〇年以降、退役軍人省は、沖縄でエージェント・オレンジを原因として発症したとみられる彼の腎臓がんの治療に必要な医療費の支払いを拒絶している。病気と高額の医療費のため、シュナイダーは結婚以来住み慣れた家を売却せざるを得なかった。

電話口で自宅までの道順を伝える彼の声には明らかに気後れした様子がうかがえた。私は何度も曲がり角を間違えて、ようやく薄汚れた路地の行き止まりにある彼の家にたどり着いた。それは、コンクリートブロックの上にのったトレーラーだった。だが、中に入ってみれば、そこは温かな空気で満たされていた。沖縄時代に買い求めた琉球漆器の置物があり、ＣＤプレイヤーからは「ハイサイおじさん」が流れていた。

ドン・シュナイダー（フロリダの自宅で）

「沖縄と沖縄の人びとについては良い想い出ばかりです。だからなおさら、あの島に対して私たちがやったことには、恥じ入るばかりなのです」と、シュナイダーは語る。

一九六八年末に沖縄に到着したシュナイダーは、キャンプ・マーシー（沖縄戦終結後、米陸軍病院として接収されたが、返還後の現在は宜野湾高校や沖縄コンベンションセンター、海浜公園になっている）内でジャーマン・シェパードを飼育する軍用犬の獣医診療所に助手として採用された。犬たちは軍事基地の警備目的や、ヴェトナムのジャングルに潜む敵兵を見つけるために訓練されていた。

軍用犬訓練場の周囲で、エージェント・オレンジが軍によって定期的に噴霧されていたのをシュナイダーは見ていた。犬たちがハブに咬まれる恐れがある、というのが主な理由で、ヘビが隠れていそうなジャングルを除草するため、枯れ葉剤を噴霧したのである。

しかしシュナイダーに言わせれば、この予防手段で死んだのはハブではなく犬のほうだった。

「犬たちは地面に近いぶん、余計に除草剤にさらされた。その結果、血液疾患を発症しました。あらゆる開口部、口や耳、鼻や肛門から血を流すのです。三〇頭のうち、一一頭がこうした症状を見せたときもありました。エージェント・オレンジ被曝で二五％が死亡したのです」

シュナイダーは、軍用犬を米国、ヴェトナム、沖縄の三グループに分けて、精巣がんの発症率を調べたアメリカの科学研究報告に言及した。精巣がんは、科学者たちがダイオキシン被曝との関連を疑っている症状のひとつだが、最も高い発症率を示したのは沖縄のグループの犬たちだった。

シュナイダーは、「順応訓練」という訓練のために、犬たちを連れて北部訓練場に行っている。実戦訓練によって、犬と指導員は、ヴェトナムの戦場で直面する状況に備えるのだ。そのときシュナイダーも、高江の住民が語ったのと同じ架空の「ヴェトナム村」を目撃していた。

あるとき、シュナイダーが北部訓練場に向かうと、ジープの運転手から、犬を連れて行けない区画があると注意を受けた。そこはエージェント・オレンジを撒いたばかりだということだった。

「犬たちにはよくないからと、その男が言いました」

北部訓練場についてのシュナイダーの話に、私はぞっとした。

「犬たちは地面に近いぶんエージェント・オレンジの影響を受けやすかった」と懸念する彼の言葉を聞きながら、私は、泥んこになって楽しげに遊んでいた、やんばるの子供たちの様子を思い浮かべていた。

地面にエージェント・オレンジが撒かれたかどうか誰も知らない、今も汚染されたままなのか、それを確認したかどうかすら、わからないままだ。

北部訓練場で何かの実験？――ドン・ヒースコート

元海兵隊員のドン・ヒースコートは、やんばるで枯れ葉剤の噴霧を行った退役兵のひとりである。一九六〇年代初頭、彼は数本のドラム缶から枯れ葉剤を噴霧するよう命令を受けたが、それは何かの実験のようだったという。

「ドラム缶にはそれぞれ違う色が塗られていた。噴霧するごとに、上官がクリップボードに記録を付けていた。枯れ葉剤はジャングルの除草に効果を発揮していました」

ヒースコートが語るその日とは、一九六二年のことではないだろうか。彼が何も知らされずに巻き込まれていたのは、Ⅰ章でも見たとおりおそらく同時期に米国政府が指揮した最高機密の実験、「アジャイル計画」であった（Ⅳ章の米軍元高官による実験証言も参照されたい）。これは、突如として米国政府が急き立てるように実施した植物枯死試験、一九六一年のイモチ病の試験の時期とも重なる。沖縄のジャングルはヴェトナムに似ている。ここなら訴追の危険性を免れるだろうと考えた米軍当局によって、やんばるは実験場とされたのだ。

ヒースコートは薬剤を噴霧したあとすぐに、気管支炎と副鼻腔炎を発症した。医師が鼻腔から切除したポリープは、コーヒーカップ一杯分にもなったという。三八歳の若さで彼は心臓発作に見舞われた。

自分が被曝した物質が何であったのかを突き止めたいと考えたヒースコートは、シパラのサイトの主要なメンバーになった。

キャンプ・シュワブでの目撃証言―ロン・フレイザー

ヒースコートの話した実験、一九八八年の退役軍人省裁定、枯れ葉剤を使った疑いのある場所についての高江住民の話、シュナイダーの話した犬たち。これらを総合すると、一九六〇年代を通して、やんばる全域に、定期的に、大量に、この化学物質が用いられていたことは疑いの余地がないようだ。

だが、こうして明らかになった実態は次なる疑問を呼ぶ。これほど大量の使用に備えたエージェント・オレンジは、どこに備蓄されていたのだろうか。北部訓練場は那覇や牧港の補給廠から遠い場所にある。場所によってはボートで海からしか接近できない。米軍は北部訓練場に近い保管場所を必要としていたはずだ。

数カ月のインタビューで散々迷走したあげくに、私は何とかその場所に確信を持つことができた。それがキャンプ・シュワブである。

北部訓練場が公式に提供開始されると、その約一年前の一九五六年に出来た米海兵隊キャンプ・シュワブは、頻繁にやんばるのジャングル戦闘訓練の前哨基地となった。北部訓練場まで二〇キロの距離にあり、部隊の投宿が可能で、隣接する辺野古弾薬庫で弾薬類の保管もできた。

ロン・フレイザーは、一九七〇年から七一年にキャンプ・シュワブに勤務した。水陸両用車の責任者で、駐留中はエージェント・オレンジが小型ボートに積まれているところをしばしば目撃している。中には破損したままのドラム缶もあり、漏れていたものもあった。ある日、キャンプ・シュワブでそれらのドラム缶の保管場所を見つけた。

「何百というドラム缶が積み上げられているのを見ました。黒っぽい色にオレンジ色の帯がありました」

フレイザーは、メンテナンスの作業兵がバックパックに詰めた噴霧器で、定期的に基地の雑草に撒いている様子を目撃している。この任務を行っていた作業兵のひとりが、ジョン・サンティアゴだった。

私は彼に会いに行くことにした。

私はただ命令通りにやったのです──ジョン・サンティアゴ

私がアメリカの退役兵たちを訪ねた二〇一一年、その半年間で、サンティアゴは二度も死にかけた。六〇歳で腎不全にかかった彼には、定期的な腎盂カテーテル洗浄のための通院が必要だった。私は彼が亡くなってしまうのではないか、間に合わないのではないかと恐れていた。

サンティアゴはフロリダの田舎で暮らしている。彼がめぐってきたこれまでの人生の旅を彷彿(ほうふつ)さ

1968年、ジャングル訓練中のジョン・サンティアゴ＝右端（同氏提供）

せるように、戸外には小型のモーターボートが停泊していた。しかし、今では彼はこの土地から離れることができない。車椅子生活で、一日のうち立っていられるのは一時間ほどだ。サンティアゴは敬虔な信仰心の持ち主で、かつては布教活動に従事していたという美しい妻とともに暮らしている。インタビュー調査の旅の途上で私が出会った多くの妻たちと同じように、夫婦の年齢は近いというのに、彼女は夫より一世代は若くみえる。沖縄でエージェント・オレンジに被曝した夫たちの健康と財産が奪われたのである。ともに過ごす日々の楽しみを心待ちにしていた退役後の生活は、闘病のみならず、医療費、そして自国の政府との闘いの日々だった。

サンティアゴは、一九六八年にキャンプ・シュワブに到着した。黒人兵と白人兵の間で人種間の緊張が高まっており、ヘロインの深刻な問題などもあって難しい任務地であった。だがサンティアゴは誠実な海兵隊員だった。

「若かったのです。沖縄に来て一八歳を迎えました。海兵隊に入ってこれを一生の仕事にしようと決心したのです」

サンティアゴの任務は基地の発動機の管理だった。泡瀬でのシパラの仕事と同様に、雑草が生い茂るのを防ぐために、エージェント・オレンジを撒いて除草する仕事もそこに含まれていた。

「除草剤はディーゼル油と混合して噴霧しました。撒いた後はそれほど生えてこなくなりました。私はただ命令通りにやったのです。ヴェトナムでエージェント・オレンジのドラム缶を目撃した同僚兵から気をつけろと言われて、はじめて心配になったのです。『あれで死んでしまうぞ』と同僚兵は言いました。彼の言ったことは正しかったのです」

ジョン・サンティアゴ（フロリダの自宅で）

そのときまでに多くの退役兵へのインタビューを終えていた私にとって、次の質問はもう言わずもがなというものになっていた。だが聞かないわけにはいかない。

「防護装備は支給されていましたか？」

サンティアゴはゆるく笑った。

「一九六〇年代で、戦争の真最中でのことでした。身の安全が問題になるのは戦闘のときだけ、それも『ヘルメットを付けて頭を低くかがめていろ』というだけです。隊の作業など、『黙って自分の職務をこなせ』でした」

サンティアゴはいまでもエージェント・オレンジに触れたときの、焼けるような感じを覚えている。しかし、いま経験している苦しみに比べれば、それも大した痛みではなかったように思う。前立腺障害と糖尿病、そして腎臓病。サンティアゴは両方の腎臓とも緊急の移植を必要としている。一日に一八錠もの薬を飲み、病院で腎盂洗浄を受けてどうにか生き延びているのだ。

サンティアゴは他の退役兵たちと同じように、エージェント・オレンジ散布が環境に与えた影響について懸念していた。とくにキャンプ・シュワブの保管場所のことが気になっている。

「ドラム缶の保管場所からは液が大量に漏れ出していて、丘を伝って海に流れ出ていました」

枯れ葉剤のドラム缶が積み上がっていた―スコット・パートン

サンティアゴの説明は、キャンプ・シュワブで勤務した海兵隊員のスコット・パートンの説明と符合する。彼は一九七〇年から七一年に沖縄に派遣されていた。サンティアゴが見たのと同じ漏出のことをパートンも覚えている。「軍は一・五フィート（約四五センチ）ほどの深さの溝を保管場所の周囲に掘って漏れ出した液体を溜めていた。枯れ葉剤の入ったドラム缶が積み上がっていて、なかにはオレンジ色の帯が一本のものや、二本のものがありました」

パートンは、作業兵のチームがエージェント・オレンジを噴霧してキャンプ・シュワブの不要な雑草を除草していた様子を説明した。噴霧された直後に、彼は三人の仲間と基地内の用水路を歩いて渡ったときのことを教えてくれた。

「その水のせいで足の皮が腐ってはげ落ちた。診療所へ行ったら看護兵から、ただの水虫だと言われた。だが違うことはわかっていた。今でもその足は治っていません」

あるとき、この化学薬品が大量に散布され、上官の宿舎に流れ込み、何人かが病気になった。キャンプ・シュワブの司令官は彼らのための居所が確保できるまでの間、兵士を別の場所に移さなければならなかったという。

パートンもサンティアゴと同じように、「キャンプ・シュワブは荒れている」との悪評があったという印象を覚えている。海兵隊員たちは雑草の生い茂った場所に隠れて、酒を飲んだりドラッグを使用した。パートンによると、エージェント・オレンジが頻繁に噴霧されたのはそういう場所で、兵士たちのたまり場を排除するのが目的だった。

皮肉にも軍隊は、敵兵のジャングル潜伏を許さないという作戦を、自軍の兵士に対しても執行した。その結果として、彼らの健康な体を破壊するに至ったのである。

写真は多くを物語る

パートンが私に送ってきた写真は、シュワブで頻繁にあったそのようなパーティの最中に撮影されたものだった。基地内のビーチで、上半身裸のパートンがタバコをくわえて歩いている。背後に

パートンとエージェント・オレンジのドラム缶（1970年、キャンプ・シュワブ）

は、中央にオレンジの帯のあるドラム缶が見える。この時、ドラム缶は空だったことをパートンは覚えている。それは、ゴミの焼却に使われていたのだ。ヴェトナムでもよく行われたというが、ドラム缶には二リットル程度の毒物が残留していたと考えれば、これは恐ろしいことだ。

写真は、私が入手した沖縄におけるエージェント・オレンジを写した二枚目のものとなった。のびのびと羽を伸ばす若者の姿は、気味の悪いほどシパラの写真と相似している。二人とも、犯罪が進行する現場を撮影したこと、背後に写ったありきたりのドラム缶に、将来の自分とその子供の人生をぼろぼろにするほどの猛毒が入っていたことなど、これっぽっちも知らずに写真に収まっていた。

スコット・パートンの場合、まさしく、この写真は動かしがたい証拠となった。パートンは二〇一三年四月に他界した。写真が捉えているこのドラム缶のなかに、彼を死に至らしめた内容物が入っていたのだから。

私はフロリダでパートンの写真をサンティアゴに見せ、

スコット・パートン（オクラホマの自宅で）

このドラム缶が、彼が見たキャンプ・シュワブで保管され噴霧されたものと同じものであることを確認した。ゴミ焼却に使ったかどうかを尋ねたところ、別段驚いた様子もなく、言った。

「空のドラム缶のことなど気にもしなかったのです。ゴミ回収業者に渡して処分しました。エージェント・オレンジはガソリンやペンキと同じで何の変哲もない補給品でした。劇物として扱うべきもののようには取り扱いませんでした」

サンティアゴは、他の補給物資と同じように、キャンプに勤めていた沖縄の作業員や近隣住民が、満タンのエージェント・オレンジを盗み出していたことも覚えていた。枯れ葉剤は闇市で売られ、沖縄の農地や家庭で使われた。

サンティアゴとの面談は二時間を予定していた。だが、終わるころには日も暮れ、私は彼の妻の手料理のスープとパンをご馳走になった。別れ際に、サンティアゴは私の手を取って祈りを捧げた。

「神よ、どうか沖縄で使ったこの恐ろしい毒物のために人生を奪われ続けている人びとをお守りください。主よ、退役兵、地元の人びと、そして子供たちに正義が行われますように。そして私たちが真実に光を当てるのをお助けください」

医療補償を勝ち取ったもう一人の退役兵

病気の退役兵に会って、胸が張り裂けるような話に耳を傾ければ、米国政府は、沖縄で使用したエージェント・オレンジを永久に機密にしておくためなら、容赦しないということが理解できるだろう。私の調査は、彼らや高江の住民たちの助けにならないのだろうかとの問いが、折に触れて頭をもたげる。

だが、あるひとつの発見で私は大いに前向きな気持ちになった。それは、一九九八年の退役軍人省の裁定は、沖縄における被曝に補償が認可された唯一のものではなかったという事実だ。もうひとつのケースとは、二〇〇八年九月、ヴェトナムの戦場から沖縄に戻ってきた何トンもの物資の作業に当たった海兵隊員についてのものだった。

私が入手した退役軍人省の文書によれば、その兵士は――一九七二年から七三年にかけて沖縄の海兵隊基地で倉庫係を勤めていた。彼は、第三海兵師団第三海兵連隊の班で、ヴェトナムの戦闘部隊から戻った装備の修理と除染を担当していた――となっていた。

彼は戦闘の最前線から戻った装備の仕分けに関わったとみられる。そして装備品はエージェント・オレンジまみれだったのだ。戻って来た資材コンテナの中に足を踏み入れるのは、ヴェトナムのジャングルに行くのと同じようなものだと語った、別の退役兵の言葉が思い出された。

この二〇〇八年裁定で、退役軍人省は「この退役兵は、一九七二年から七三年に沖縄で従軍中、ヴェトナム戦で使用された除草剤に被曝した」と認定した。沖縄での任務が原因で発症したと考えられるホジキンリンパ腫と二型糖尿病に対して補償を決定したのである。

この裁定によって、退役軍人省を動かすことは可能であり、それができれば、沖縄に駐留した米兵の救済につながることが明らかになった。だが同時に、この毒物が商品として闇市に流通し、沖縄の民間人にも渡ったという懸念が、改めて問題となる。さらに、返送された軍需物資のうち、手の施しようがない破損品が、沖縄で処分された懸念も浮上した。

ずぶ濡れになっての詰め替え作業―リンゼイ・ピーターソン

私はやっとのことで物資の返送に携わった米兵の一人を探し出した。一九六九年、リンゼイ・ピーターソンは米陸軍化学部隊少尉として、沖縄本島中部にあるハンビーの屋外保管区域の班長を務めていた。ピーターソンは補給物資だけでなく、破損したエージェント・オレンジのドラム缶も、南ヴェトナムから返送されてきた状況を語ってくれた。

「私が着任したころには、およそ一万本のドラム缶がハンビー(屋外保管区)にありました。その大半が漏出しており、私たちはこれを空にして五五ガロン(二〇八リットル)入りの新しい容器に詰め替える作業をしなければなりませんでした。手動のポンプを使って新しい缶に液体を移しました。ゴム手袋はつけましたが、防護服はありませんでした」

ピーターソンは、このドラム缶の詰め替えを行った米兵と沖縄の作業員が、枯れ葉剤でずぶ濡れになった様子を覚えている。そして彼は今もなお、意図せざることとはいえ、地元の人びとを毒物に曝したことに罪の意識を感じている。

「当時は、何をしているのかもわかっていませんでした。みんな汚染されました。那覇軍港での荷おろし作業に従事した沖縄の人びとはみんな、曝露しました。そしてエージェント・オレンジが付着した作業着で、彼らは家に帰りました。そのことの危険性に、私たちは誰も思い至りませんでした」

アメリカへの旅の最後に出会った元米兵から聞いたこの話で、私は、今日の沖縄が直面するエージェント・オレンジの危険性について、改めて強く思い知らされたのだった。

埋却された証拠—スミス

沖縄でのエージェント・オレンジ使用について調査をはじめた当初、多くの人びとは私が歴史調査をしているのだと考えていた。高江住民の心配や、退役米兵が今日苦しんでいる病状について話しても、みんな、ごく限られた地域で一握りの人たちに起こった過去の問題だとして片付けた。だが、一九六九年の目撃談を証言した退役兵の話が公表されるに至って、こうした批判の声も影を潜めていった。

私はその人物と電話では何度も話をしていた。だが、ホテルの一室で直接会ってみてやや驚いた。

一八五センチの体躯に見合わない幼児のように繊細な肌をしていた。この落差の印象は、強靭な体躯の内に隠されたこの人物の脆弱さを表しているように思えた。

「本名は出さないと約束してくれますね」、これが、彼が最初に言ったことだった。

この人物を仮にスミスと呼ぶことにしよう。彼は心配でたまらない様子だった。一九六九年、米軍によって犯された恐ろしい所業を目撃した生存者として、独りでその恐怖を背負って生きていた。

一九六八年末、スミスは沖縄にやってきた。牧港の補給廠で勤務したが、そこはこの島のエージェント・オレンジ貯蔵の主拠点であった。スミスは、他の退役兵も補給廠での出来事は覚えているはずだ、と言う。

「ドラム缶は那覇港から運ばれ、牧港で保管されました。オレンジ色の帯があった。私たちはそれを受け取り搬出していました。煩忙を極めた頃の牧港には六、七千本のエージェント・オレンジのドラム缶がありました」

ヴェトナムに送るだけでなく、スミスは沖縄中の基地に向けても配送した。キャンプ・シュワブ、海兵隊普天間（ふてんま）飛行場、嘉手納空軍基地などで、フェンス沿いや滑走路の除草に使われていたのを彼は見ている。スミスは沖縄の軍作業員が、ドラム缶から漏れ出たものに接触していたことも覚えていた。

エージェント・オレンジは除草剤として評判が高かったので、沖縄の軍作業員が盗んだり、米兵が一缶一〇〇ドルで闇市で転売していたことも覚えている。これは沖縄のジャーナリスト・国吉や、サンティアゴの話を裏付ける内容だろう。
エージェント・オレンジもその他の物資と同じように扱われ、自分もさして注意を払うこともなかったと、スミスは言う。しかしそれは一九六九年に起こった事件までだった。その事件とは、那覇軍港を出港した米国の輸送船が沖合で座礁(ざしょう)した事故のことだ。座礁した船はしばらく動かすことができず、軍が救出を試みたがだめだった。繰り返される波の衝撃で積荷が損壊した。ようやく軍は船を座礁から引き上げ那覇港へ曳航(えいこう)したが、そこでスミスら一五〇名ほどの米兵が、破損した物資の積みおろしに動員された。

「何百というエージェント・オレンジのドラム缶がありました。その多くが破損し内容物が私たちに降り注いだのです。彼らは問題ないと言いました。仲間の一人は目と口に入ってしまった。彼は連れて行かれて、その後二度と見かけなかった。船の積荷をおろすのに四、五日を要しました。破損のないエージェント・オレンジのドラム缶は、また別の船に積み込まれてどこかに出発しました。行き先は知りません」

「破損したドラム缶はどうなったのですか?」

「一部は海に放った。残り? 軍の処分法と言えば、埋めてしまうことでした」

スミスによれば、破損したドラム缶は、コンテナに入ったままの状態で、トラックの荷台に積まれ、ハンビーヤード、現在の北谷町(ちゃたんちょう)まで搬送されたという。

「軍は長い溝を掘り、クレーンでコンテナごと吊り上げて、溝にドラム缶を投げ捨てました。その後、土砂で埋め戻したのです」

なぜ埋めたのか、と尋ねると、「処分するのに安上がりな方法だからです」と答えた。のどが渇いたのか、スミスは水のボトルに手を伸ばした。キャップを開けようとするけれども指がいうことをきかない。

エージェント・オレンジの積みおろしからひと月も経たないうちに、彼は四、五分間、目の前が真っ暗になるような軽い脳卒中を繰り返すようになった。その後の彼を襲ったのは、三度の心臓発作、一四回の重大な卒中、四五個の腎臓結石だった。

「私に何が起こったのか、バカでもわかるだろう。私は死にかけている。しかし従軍した他の誰かの助力になるなら、私は口を開かなければならない」

スミスの話では、ハンビーヤードでのエージェント・オレンジの埋却と同様のことが、彼の沖縄駐留中に数度はあったという。

「各基地にはそれぞれ埋却場所があった。普天間でも嘉手納でもエージェント・オレンジは埋却されました。私はそういった場所にドラム缶を運搬していましたから」

米国政府を信頼し切っている人びとにしてみれば、共産主義から守ってやっているはずの島の、その土地に猛毒を埋めたというスミスの話は、容易に信じがたいかもしれない。だが、埋却を指示したのは、エージェント・オレンジの毒性も知らない二〇代そこそこの下級将校だっただろう。限られた知識で手っ取り早く問題を片付けようとしただけだったのだ。

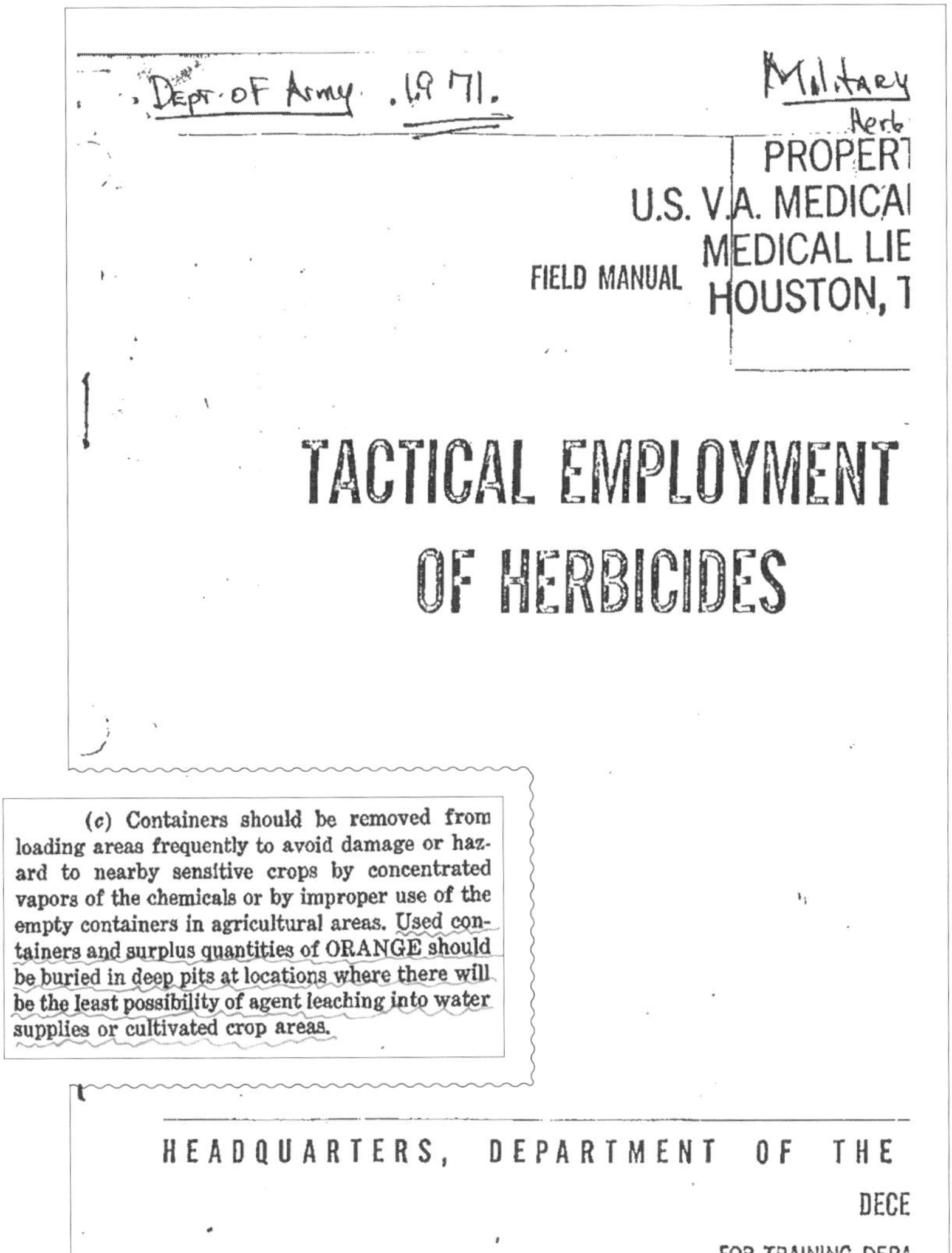
Dept. of Army .1971.

Military
Herb

PROPERT
U.S. V.A. MEDICAI
MEDICAL LIE
HOUSTON, T

FIELD MANUAL

TACTICAL EMPLOYMENT
OF HERBICIDES

(c) Containers should be removed from loading areas frequently to avoid damage or hazard to nearby sensitive crops by concentrated vapors of the chemicals or by improper use of the empty containers in agricultural areas. Used containers and surplus quantities of ORANGE should be buried in deep pits at locations where there will be the least possibility of agent leaching into water supplies or cultivated crop areas.

HEADQUARTERS, DEPARTMENT OF THE

DECE

FOR TRAINING DEPA

1971 年の米陸軍省の野戦教本「除草剤作戦」の表紙と「オレンジは深い穴に埋却せよ」と記述された部分

私がスミスに投げかけたような質問は、一九七一年の陸軍省の野戦教本（フィールド・マニュアル）を入手した今となっては、もはや聞くまでもない。その小冊子は、スミスが目撃した廃棄処分方法を裏付けるものだからだ。

【〈オレンジ〉の使用済み容器や余りは、給水施設や耕地に溶剤が達しないような場所に設けた、深い穴に埋却しなければならない】

紛れもなくはっきりと印刷されたこの文書は、軍隊の欺瞞（ぎまん）の証拠品だ。

スミスの埋却の証言に信憑性（しんぴょうせい）を与えるのが、二〇〇二年の北谷町の事件である。スミスが一九六九年の埋却を目撃した場所付近で、作業員が大量のドラム缶を掘り出したのである。ドラム缶には粘度の高い液体が入っており、いくつかには英語の文字が書かれていた。当時、ドラム缶は当局によって撤去され、ダイオキシン試験は実施されなかった。あのとき、スミスの目撃談を知っていたら、北谷町当局の対応も大きく異なっていたことだろう。二〇一三年六月の沖縄市の発見と同様の対処が取られていたかもしれない。

スミスの元を立ち去るとき、彼が埋却を目撃した北谷町のその場所に今も住んでいる人びとに、伝えるべきことがあるかを尋ねた。

「引っ越すべきだ、すぐに。自分や子供の健康診断を受けるべきでしょう。人が住める場所ではない。死が待ち構えているのです」

第Ⅳ章

沖縄住民への影響

元米兵たちへのインタビューから、沖縄においてエージェント・オレンジが恐ろしく広範にわたって使用されていたことが判るだろう。

北部のやんばると呼ばれるジャングルから南は那覇港まで、期間にして一九六〇年代初期から一九七〇年代半ばまでの一〇年以上、エージェント・オレンジが沖縄で備蓄あるいは散布されていた。その結果として、何百名もの元米兵が発病し、その被害は子供や孫の世代にまで及んでいる。それだけ見ても、彼らアメリカ人が被った損害の大きさは身の毛のよだつものである。だが、次の疑問が生じる。沖縄の民間人への影響はどの程度だったのだろうか。

元兵士たちの証言は、すでに被曝していただろう地元の人びとのことにも触れている。シパラは噴霧したばかりの場所でチューインガムをもらおうとした女の子のことを覚えていたし、エージェント・オレンジが闇市で取引されていたことを話した元兵士もいた。那覇港では、沖縄の港湾作業員が漏出したエージェント・オレンジのドラム缶を取り扱っていたし、基地内の除草作業で噴霧作業をした作業員もいた。

彼らの多くは被曝の事実を知らされていない。そう考えた私は、沖縄をたびたび訪れては、最新の報告と合わせて、エージェント・オレンジ被害の可能性について発表する機会をつくった。

沖縄に行くたび、数十年も変わらない島の状況が私の胸を打つ。私の脳裏には、退役兵から聞くヴェトナム戦争中の沖縄の暮らしのイメージがあった。沖縄の施政権は一九七二年に日本に返還された。だが、米軍基地は、エージェント・オレンジが存在した場所も含め、依然としてそこにあった。戦闘機が頭上でうなりを上げ、新聞は基地にまつわる事件のニュースで埋めつくされている。

　ヴェトナム戦争はまだ終わっていないのではないか、そんな気持ちになることが何度もあった。さまざまな問題を抱えてはいるけれど、沖縄に行くたびに、私の心は北部の森や、風に揺れるサトウキビや、続いていく芋畑の畝道（うねみち）の虜（とりこ）になった。この土地は沖縄の人びとの心のなかで、特別な位置を占めている。島唄に折々に歌われる緑と色鮮やかな赤い土は、沖縄戦で血に染まり、生活の糧を育み、そうやって沖縄の人びとのアイデンティティを培った。その土地が毒で汚染され、沖縄の人びとが慈しむものが刺し貫かれたのだ。

　沖縄への旅が回を重ねるにつれ、この島に行われてきた犯罪の真実を暴く決意を新たにしていた私であったが、ある時、自分がエージェント・オレンジが使用された場所の新情報、北谷町（ちゃたんちょう）の埋却地や新たに特定された保管場所など、悪いニュースしかもたらさない人物なのだと気づかされた。ポジティヴなことを分かち合えないと思うと、苦しかった。地中に埋まっていたのはダイヤモンドで、発癌性の化学物質なんかではない、と言えたらどんなにいいだろう。

　ある晩、那覇でタクシーに乗り込んだ私の顔を、見直すようにして運転手が言った。

「あいや、枯れ葉剤のミッチェルさんだ」

　私はそんなニュースで有名になりたくはなかった。

高江再訪

私の足は幾度となく、エージェント・オレンジ追跡のきっかけとなったやんばるの村、東村・高江へ向かった。その何度目かの訪問は、ヒカンザクラがピンク色の花を咲かせ、イノシシが道ばたのハイビスカスの茂みを鼻先でガサガサとつっついていた一月だった。冷え冷えとした東京とは別の国のように感じられた。

再会した地元住民は、まずエージェント・オレンジの沈黙を破った元米兵たちへの感謝を述べてくれた。長きにわたる北部訓練場と隣り合わせの暮らしで、高江の住民は米軍の呵責なさを知っている。声を挙げたことで退役兵たちが直面するだろう報復的な仕打ちがよく判るのだ。

そのときの話題はもっぱら、『沖縄タイムス』が報じたニュースだった。同紙の米国特約記者、平安名純代の追及によって、一九六〇年から一九六二年の間に国頭村と東村付近のやんばるの森で枯れ葉剤の試験噴霧が行われた事実を、米軍元高官が匿名を条件に証言したのだ。(注1)

「噴霧から二四時間以内に葉が茶色く枯れ、四週間目にはすべて落葉した。週に一度の噴霧で新芽が出ないなどの効果が確認された。具体的な噴霧面積は覚えていない」

この元高官の話は、私の調査とほぼ一致する。試験は、ドン・ヒースコートが色の付いたドラム缶から化学物質を噴霧したのと時を同じくしており、退役軍人省が一九九八年に補償を認可した前立腺がんの退役兵の時間軸とも一致している。

元高官によれば、米国防省が沖縄を実験場所として選んだ理由は、主として二つあった。第一に環境が似ているため、やんばるのジャングルで枯れ葉剤の効果が確認できるならば、ヴェトナムの実戦での想定も可能になる。第二に沖縄は米軍管理下にあり、その他の地域であれば求められる民間の厳しい健康・安全基準を回避できた。明らかに米軍は、沖縄をヴェトナム同様の広大な実験室としていたのだ。

当然のことながら、『沖縄タイムス』の報道は高江の人びとの関心を呼んだ。安次嶺現達も熱心に記事を追った住民のひとりである。小さな子を持つ親として、またオーガニック・フード専門のカフェ・オーナーとして、彼は自分たちの暮らす地域が受けたエージェント・オレンジの影響を案じていた。

安次嶺の案内で深い叢林を歩く。私は、うっそうとした茂みやツル草の下に隠れているハブのことが気になって仕方がなかった。犬が咬まれないように下生えに薬剤を噴霧したというドン・シュナイダーの話が頭にこびりついていた。人体へのリスクも知らずに、米兵たちは枯れ葉剤という化学薬剤をありがたがったに違いない。

安次嶺の後について少し歩くと、開けた土地に出た。テニスコート程度の広さで高木に囲まれたその場所は、今まで歩いてきた茂みの中とは対照的に、赤土が剥き出しになった完全な不毛の地だった。

安次嶺によれば、その場所は一九六〇年代半ばまで米軍提供区域だった。当時はそこで軍用車両

米軍から返還後も草が生えない土地を案内する東村・高江の安次嶺現達

のメンテナンスをしていたという。私は、ジープにエージェント・オレンジを搭載してジャングルに運んだという、何人もの退役兵の証言を思い出していた。

剥き出しの土地を指差しながら安次嶺は、「生えてくる若木も、根が五〇センチくらいの深さに達すると枯れてしまうのは、土壌の基底がひどく汚染されているからではないか」と語った。もちろんそこに枯れ葉剤が撒かれたかどうかは、安次嶺にはわからない。

しかし、かつてこの付近で米軍に雇われていた何名かの民間人が、がんで早くに亡くなっているとの噂が、ダイオキシン汚染の懸念に拍車をかけている。世界でも長寿を誇ってきた沖縄の男性寿命のことを考えると、恐ろしいものがある。

ダイオキシン検査は実施されのたかどうかと尋ねると、安次嶺は首を横に振った。

「もし実施したとしても、本当のことを明らかにするかどうかは信頼できない」

草の生えない地面を眺めていると、イノシシの足跡を発見した。枯れ葉剤が撒かれた可能性のあるこの場所の外縁まで近寄ってきたものの、彼らの鋭敏な鼻は、表土の下に埋まっているものを嗅(か)ぎ取ったのだろうか。

地面についた自分の足跡を見て、総毛立(そうけだ)った。私はホテルに戻って靴の泥を洗い流せばすむが、ここで暮らす人たちはどうなるのだろう。ここで収穫した作物を食べ、水を飲むというのに。

地元の人の話によると、草の生えてこない区画は、高江以外にもこの一帯にいくつかあるという。自然に起こるただの例外的な現象だとか、エージェント・オレンジ以外の化学物質による汚染だというのはたやすい。

プロローグで紹介した二〇〇七年七月の共同通信の配信を後発で検証した地元紙の記事は、やんばるの山の達人である玉城長生(たまきちょうせい)が奇形の動物を捕獲したことを伝えている。[注2]それこそはダイオキシン汚染の危険信号であり、枯れ葉剤の疑いは濃厚となるだろう。見つかったのはカエルやカメの奇形、生育異常、多肢などだった。

発見された動物の種類が限られていれば、もしかしたら、その種に起こる遺伝的異常も疑われる。だが種を超えて出現する出生異常が見られるならば、懸念すべきは広範にわたる環境汚染の可能性、すなわち二一世紀に至ってもなお残存する恐ろしい毒物の存在である。

南風原町(はえばるちょう)にある沖縄県公文書館のボックスに埋もれていたある報告書は、米軍がやんばるで除草剤を使用する際の軽率な様子を垣間見せてくれる。「肉牛のヒ素中毒」と題された一九六二年一月の日付の文書は、高江に隣接する国頭村で死んだ、二頭の牛に関する報告書だった。(注3)

一九六一年一二月、「アメリカン・ケミカル社の二世従業員」が、無線アンテナ施設を引き込む作業道沿いにトラックから除草剤を散布するのを、地元の農民が目撃した。噴霧後の雑草を食べた二頭の牛に、翌日、「全体的な衰弱、大量出血性下痢、ヘモグロビン尿、高熱、流涎症（よだれを流す）、脱水症」などの症状が出た。一頭は死に、もう一頭は安楽死処分された。

報告書によると、除草剤には一二四キロのヒ素が含まれていた。ヴェトナムで稲を枯死させるのに用いられたエージェント・ブルーの成分である。さらに報告書は、人体への影響も懸念していた。「除草剤溶液の一部は風に流されて、提供区域外（つまり民間地域）の野菜畑に運ばれる可能性もあった」

報告書は人体へのリスクは、「疑わしい」として重大視してはいないが、成長した牛二頭が除草剤によって倒れたという事実が、その毒性の高さを示している。

国頭村の事件報告が示すのは、米軍が警告を行わなかったために民間人が曝露の危険にさらされことであり、米軍が沖縄で、定期的にこれらの有毒物質を扱っていたということだ。

（注1）「北部に枯れ葉剤散布　立案の元米高官証言　ベトナム実戦前試す」『沖縄タイムス』二〇一一年九月六日。

（注2）「薬品影響？　北部で奇形生物」『沖縄タイムス』二〇〇七年七月一二日。北部の希少生物に奇形　訓練場隣接地」『琉球新報』二〇〇七年七月一二日。
（注3）Records of the US Civil Administration of the Ryukyu Islands (USCAR), "The Poisoning of Livestock", Dept: Health, Education and Welfare Department, Division: Public Health, Box 153 of HCRI-HEW, Folder 10, January 1962, 沖縄県公文書館所蔵。

やんばる―汚染された水がめ

北部訓練場でエージェント・オレンジを噴霧したという元米兵の証言に、さらに草の生えない土地、野生動物の奇形、国頭村の牛のヒ素中毒という「傍証」が加わった。

高江付近のジャングルが、軍用除草剤で長期的に汚染されてきたのではないかという私の疑惑は、確信に近づいていった。

これは、この地域に暮らす人びとにふるわれた、身の毛もよだつ不正義である。さらに有毒物質は、水道供給を通じてやんばるだけでなく、沖縄島全体に拡大した危険性もある。やんばるは「沖縄の水がめ」と呼ばれ、この地域の複数の貯水池やダムから、南部の市街地、観光リゾート施設に飲料水を供給している。

軍用枯れ葉剤が、やんばるのダムや湖付近に散布されたとすると、水の供給源に混入して、北部から遠く離れた地域の住民にも影響を与えていただろう。また那覇港など、海に投棄したという退役兵の証言のように、残った枯れ葉剤の備蓄が、やんばるの水源地やその周辺に投棄された危険性もある。

北部訓練場は、他の基地と同様に、広大なるブラックホールであり、衆人環視を逃れて何が行われていたのか、本当のことは誰にもわからないのだ。

米軍当局が沖縄の住民の命を危険にさらしたことについて、私の中にわずかに残る疑問の余地すら吹き飛んだのは、一九七三年一〇月に伊江島で起こった出来事を知ったときだった。

沖縄平和運動の揺籃の地と枯れ葉剤

沖縄島西海岸の本部港から船で三〇分ほど行けば、伊江島に着く。風向きがよければ、島で咲き誇る百合の香りを嗅ぐことができる。伊江島はサトウキビ畑、タバコやピーナッツなどの畑が緑と茶の美しいパッチワークを織りなす島である。

伊江島は、琉球諸島でも肥沃な島のひとつで、農家はみな豊かな土地に恵まれていた。伊江島の多くの農民は、だからこそ過去六〇年間、自分たちの手にした権利を護るために闘ってきたのだろう。そうせざるを得なかったのである。

一九五五年、朝鮮戦争後に、沖縄の一層の軍事化をめざした米国防省は、島の三分の二を占める空対地型の射爆場建設を決定した。このためには、島民の土地を接収しなければならない。まず米軍は伊江島の農民を欺いて、英語で書かれた任意の立ち退き命令書に署名させようとした。住民は英語がわからないだろうと考えたのだ。

一部の島民が立ち退きを拒否すると、米軍は銃剣とブルドーザーで襲いかかった。病気の子供や年寄りを寝床から引きずり出し、住んでいた家を潰して平らにならした。さらに夜になると米兵は、盗んだ泡盛で酔っ払っては農家で飼っていたヤギを撃ち殺した。

これに対峙したのが阿波根昌鴻（あはごんしょうこう）だった。献身的なキリスト教徒の彼は、島民を引率して、沖縄本島を七カ月かけて行脚（あんぎゃ）し、伊江島で起きていることを伝えた。「乞食（こじき）行進」と呼ばれたこの行進は、沖縄の平和運動の先駆である。健やかで人間味溢れる機知と、米兵個人の本来的な人間性への信頼を併せもつ阿波根の非暴力原則は、今日なお沖縄の住民運動の中に息づいている。

一九五〇年代から六〇年代、この「沖縄のガンディー」と呼ばれた阿波根の指導の下、伊江島農民は農地の明け渡しを迫る米軍に公然と非暴力で立ち向かい、射爆場の裾野で作物を育て続けた。この粘り強さに消耗戦を強いられた米軍は、農家の収穫を損壊するためガソリンを撒いた。これはヴェトナムの住民から食糧を奪ったのと同じ手段だった。まさに伊江島は、戦場だったのだ。

農民は挫けることなく、米軍の命令に背き続けた。一九六六年、ナイキ・ミサイル配備阻止に成功すると、この住民の勝利が、米国当局の怒りに火を付け、緊張が高まった。

痛打となった住民の反撃に対し、一九七三年一〇月、米軍は農民たちの耕作への意思を挫（くじ）くため、新しい手口を取り入れる。『沖縄タイムス』の当時の記事から引用してみよう。（注一）

「今度の場合は、ガソリンを使用せず、正体不明の枯れ葉剤をはじめて使っており、村民は牧草を失うほか、近海の汚染、人体への悪影響がないかと心配している。枯れ葉剤が使用されたのは射爆場の標的周辺約二千平方メートルとみられているが、面積その他被害状況など今のところ明らかにされていない」

この記事から、阿波根を含む地元村議会は、米軍に対して抗議決議文を採択、枯れ葉剤散布に抗議し、再発防止を要求したことがわかる。米軍がその後どのように対処したかは定かでない。

沖縄の市民権運動の揺籃（ようらん）の地・伊江島での米軍の枯れ葉剤使用は、吐き気を催すほどの暴力性の証である。I章で述べたように、一九七一年、出生異常との因果関係を立証した科学報告がリークされたことを機に、米国政府は、すでにヴェトナムでの枯れ葉剤使用を禁止していた。だが伊江島ではその二年後、明らかに民間人を攻撃する目的でそれは使用されたのだ。

アパルトヘイト時代の南アフリカから今日のシリアにいたるまで、世界中の軍隊による圧政は、抵抗する市民に催涙ガスを使用してきた。だが、管見の限りにおいて、猛毒の枯れ葉剤が平和的な抗議者に使用された事例は、後にも先にも聞いたことがない。

これは沖縄における米軍の犯罪性を浮き彫りにしたというだけではない。日米両政府がこの不正行為について徹底調査すべしと決定する理由としても、充分すぎるのではないか。

（注1）「米軍が枯葉作戦　村ぐるみ抗議行動展開」『沖縄タイムス』一九七三年一〇月三一日、知念正行（沖縄タイムス伊江通信員）『沖縄タイムス記事集録―新聞で見る伊江島の動き昭和四〇年～五二年』に再録。

千の言葉も一葉の写真に如かず

広く新聞報道された私の調査をきっかけに、二〇一一年九月、名護市は、エージェント・オレンジ使用について公的な調査を求める決議を行った沖縄最初の市町村となった。住民の不安の焦点となったのは、市内の海兵隊駐屯地キャンプ・シュワブ、北部訓練場で使用された除草剤を保管したと私が睨んでいる場所だ。元兵士のジョン・サンティアゴ、スコット・パートン、ロン・フレイザーたちが、備蓄された山積みのエージェント・オレンジを目撃している。このうちパートンはキャンプ・シュワブでエージェント・オレンジのドラム缶を写したと思われる写真を持っていた（一一三ページ参照）。

沖縄におけるエージェント・オレンジの存在を確証する証拠として、写真の持つ価値は計り知れない。わかりきったこととは言え、米当局はこの写真の正確性を問題にするだろうと想定された。これがキャンプ・シュワブで撮影されたと証明することが重要だ、私はそう考えた。

その日は強い風が吹いていた。私はキャンプ・シュワブに隣接する民間港から小さな船に乗りこんだ。港を出てすぐは比較的穏やかだった波も、ボートがエンジン音を立てながら基地に向かい、海がその深さを増すころには、船縁を両側から叩くような波に変わっていった。経験を積んだ舵手（だしゅ）もいくぶん緊張気味で、私はライフジャケットのベルトを締め、しっかりと船にしがみついた。キャンプ・シュワブの沖を、波を越えて通過するころには、転覆の心配は薄れ、それと入れ替わりに別の不安が強まっていく。撮影された写真の背景に広がるビーチを特定することができなかったら。あるいはこの四〇年間で、一見してもわからないほどに風景が変化していたとしたら……。

このとき同行した名護市議の大城敬人(よしたみ)が、私のために地図を準備してくれていた。ドラム缶が写っていた場所だろうと彼が見当を付けたおおまかな地点に印が付いていた。船は荒々しく揺れ、雨が私のメガネにしたたり、私は自分の位置を確認するのも一苦労だった。浅瀬に隠れた岩礁に注意をしながら、船長は船をたくみに操って、場所が特定しやすいようにと岸に近づいた。

キャンプ・シュワブまで三〇メートルもない距離で、ベージュ色の小屋やバンカーを、ガードマンがパトロールしているのが見える。ひとりが双眼鏡で私たちを見て、無線機を口に当てた。ボートが岸に打ち寄せられたら、逮捕の可能性も含め、やっかいな事に巻き込まれる、そんな距離だった。

私はメガネを拭いて海岸線を点検し、写真に写っているランドマークを特定しようと雨の向こうに目を凝らした。道路、倉庫のような小屋、有刺鉄線のフェンスが登っていく丘の稜線。

間違いない。写真の風景だ。ここはまさしく、四〇年前、パートンが偶然にも、エージェント・オレンジのドラム缶と一緒に写っていた、あのビーチだ。

縦に横にと揺れる船で、ずぶ濡れになりながらの勝利宣言だった。だがすぐに心に浮かんだのは、パートンや仲間の退役兵たちだった。私の取材は、彼らを苦しめる原因となった猛毒の存在を暴くことだ。私は命を落とした人たち、知らされなかったすべての人たちに、静かに祈りを捧げた。

名護市で開かれた「ジョン・ミッチェルさん報告・交流会」（桃原すなお氏提供）

そしてこの地域に暮らす人びとに、私はきちんと向き合って話す決意を固めた。

二〇一一年一一月、辺野古での報告・交流会

沖縄唯一の高速自動車道は、那覇からおよそ五八キロ先の名護市許田（きょだ）まで通じている。そこからさらに車で二五分ほど走ったあたりに、目的地・辺野古（へのこ）はある。遠隔地で、さらに平日の午後であったにもかかわらず、対話のために選ばれた集会場は満員になった。

懸念をもつ市民たち参加者の中には、芥川賞作家の目取真俊（めどるましゅん）（彼はその後、私の調査について詳細なブログ記事をまとめてくれている）のほか、沖縄県議や名護市議、そして沖縄防衛局の人間とおぼしき顔もあった。地元放送局も撮影取材班を派遣し、地元の日刊紙からも記者が来ていた。

改めて、私の調査が多くの人たちを不安にさせ

ていることを実感した。危険性について無闇にセンセーショナルに煽るのではなく、自分が突き止めてきた事実を人びとに知らせる、そのような責任感も増すのだった。私の頭上には、「ジョン・ミッチェルさん報告・交流会」という横幕が掲げられていた。

まず私は、進行中の調査についてまとめて報告した。証言した退役兵の人数、枯れ葉剤が保管・散布された証言のあった基地の数、北谷町で埋却されたというスミスの証言にも当然言及した。

この集会場から一キロも離れていないところにあるキャンプ・シュワブで、エージェント・オレンジを使用したという退役兵の証言もくわしく話した。辺野古湾に流れ込む水路の土手に沿って除草剤を噴霧したというパートンの話だ。

人びとの表情に隠しきれない懸念が浮かんだのを見て、私はやはり、こんな話ではなくて、もっと良いニュースをもって来たかったと思った。退役兵の証言についてまとめた後、今度は私の方から地元の住民に情報提供を求めた。

名護市議の大城敬人は、六〇代の行動的な人物で非常に早口でまくしたてて、通訳が追いつかないほどだった。曰く、パートンの話に出てくる水路は特定できるとのことだった。そこは、かつて人びとが好んで貝を獲りに行った海岸だと彼は考えていた。昔は基地周辺の海岸にはモズクが豊富に育っていたが、今ではすっかり姿を消し、漁師たちも収穫をあきらめざるを得なくなった。枯れ葉剤の流出があったならば、厳しく追及すべきことだったと懸念を表明した。

大城に続いて、名護住民の比嘉盛順が「一九七〇年代以前は、近くの浜の岩や海岸線は藻や海草で覆われていたのに、だんだんと生えてこなくなり、岩は漂白されたように白くなって、一帯には生き物の気配もなくなってしまった」と話した。

第二次大戦後の食糧難の時代には、辺野古住民は海の恵みを食べて飢えをしのいだ。だから海の死はすべての人に衝撃を与えた。比嘉は、基地の近くの海で獲れた貝を食べて亡くなった人たちのことも覚えていた。

「そのうちのひとりが、キャンプ・シュワブ近くで獲れた貝は食べるなと言い遺して亡くなったのです」

比嘉はまた、キャンプ・シュワブ周辺の環境汚染で、米軍が責任を問われるのはこれがはじめてではないと教えてくれた。提供区域内でＰＣＢの入ったドラム缶を投棄したのだ。変圧器やモーターの冷却材として使用されていた発癌性化学物質である。

このような行為を見るにつけ、米軍当局は、沖縄をまるでゴミ捨て場のように利用し、いらなくなった備品は、有害廃棄物であろうと何でも、好き勝手に投棄してかまわないと思っていたのだろう、そう私は確信した。

辺野古で聞いた話の中で、非常に懸念を持ったのは、ヴェトナム戦争中、キャンプ・シュワブでメイドとして働いていたという年配の女性・島袋文子の話だった。島袋は、沖縄の軍雇用員が提供区域で除草剤噴霧を行っていたという元米兵の主張を裏付けた。さらにそのうちの何人かは、若いうちに不審な病気が原因で亡くなったと言った。

最悪の話を聞いたと私は思った。

島袋は貝についての懸念も持っていた。彼女は基地の近くで獲れたハマグリから、黒い油状のものが出て来たことを記憶していたのである。この表現は、一九六〇年代、米陸軍が用いたエージェント・オレンジの説明、「暗褐色の油状の液体で水に溶けない」にぞっとするほど合致している。

除草剤のせいで、地元住民にも毒害の恐れがあったという話に反応して発言した最後の人は、この地域では何年ものあいだ、白血病にかかる人の数が突出していると言った。白血病はダイオキシン被曝で発症する病状のひとつで、米国政府もエージェント・オレンジとの因果関係を認めている。このことは高江で軍に雇用された人が早くに亡くなったという話を想起させる。そして脳裏には、私がアメリカで出会った病に苦しむ退役兵たちのことが浮かぶ。

記者会見と報告会を終えて、私は怖くなってしまった。住民の証言は、退役兵たちの話を裏付けるものだった。彼らのような沖縄の民間人、つまり米軍のプレゼンスによって守られるべきはずの人びとが、米軍の猛毒の曝露で危険にさらされている。

私はこの日、辺野古で充分に多くのことを知り得たと思った。だが帰り際になって、近づいて来た男性がいた。そして非常に興味深いことを打ち明けてくれた。

エージェント・オレンジ・マニア

私は報告集会中に、その男性に気付いていた。集会場の後ろに坐っていた彼は、野球帽を被り顔の下半分は白いマスクで覆っていた。いかにも顔を隠しているという風だった。五〇代半ばといったところか。彼によると、彼の父親は、施政権返還よりも前に、米軍から枯れ葉剤を譲り受けたという。子供だった彼はそれを見ていた。

「油性でさらっとしていて、ディーゼル油と混ぜると、薄茶色でまだらにタール状の粒を含んだようになった。道路沿いに噴霧するのを見たが、効能はすごいものだった」

この男性の記憶によれば、「数日のうちに雑草は枯れてしまった。噴霧した液体がかかった部分は、木の葉も黒くなった。この薬剤のせいで道路脇の大木も葉を落としてしまった」

彼もその父親も、噴霧の影響による病状は出ていない。だが、あの薬剤はエージェント・オレンジだったのではないか、彼はそう疑っていた。当時、沖縄で入手可能な日本製の除草剤は水溶性で、大木を枯らすほどの効果はなかったという。男性の証言は、元米兵から集めた証言と一致している。兵士たちも枯れ葉剤はディーゼル油と混合して使用し、効果は絶大で、地元住民との闇取引も行われていた。この男性の父親もおそらく、アメリカ人との取引で入手したのだろう。

男性には、実名を出して発表してもよいかと尋ねたが、断られた。それどころか、枯れ葉剤が噴霧された場所すら教えられないと言う。彼が断ったのは、有害な噂を広めたといって非難されることを恐れるゆえのことだった。地域の観光や農業に与える影響を、彼は心配していた。米兵との取引に関与したとして追及されることも恐れていた。

だが、この人物はエージェント・オレンジを追いかけていた。私の調査を耳にして、自分が見た

エージェント・オレンジ・マニアが蒐集した軍用除草剤に使用したと思われる噴霧機

もの、何年も昔に父親が散布していたものの正体を確信したのだ。彼はすでに県の公文書で写真や一次資料を集めていた。ヴェトナムにも行き、この猛毒について学んでもいたのである。

ある日、彼は沖縄の基地でよく開催されているフリーマーケットに出かけた。傷の付いたＬＰレコード盤や、迷彩服、米軍の残していったありとあらゆるがらくたの中から、掘り出し物と呼ぶにふさわしい品に遭遇した。バックパック式噴霧器だった。七五センチくらいのカーキグリーンに塗られたタンクには、噴射機が備え付けられていた。

彼がそれを見せてくれたとき、私の心臓は飛び上がるようだった。これこそカギとなる証拠品だ。この犯罪を実行した凶器であり、殺人兵器と呼ぶべきものだ。軍用除草剤に使用されたことを確かめるためにサンプルを研究所に送りたいと気が急いていた私に、しかし男性は、「もともと入っていた物質の痕跡が残っている可能性はゼロだ」と、にべもなく告げた。洗浄して何度も別のものを充填したというのがその理由だった。

それでもあきらめきれない私は、この噴霧機をあらゆる角度から写真に撮って、かつて噴霧した、あるいは噴霧を目撃したと証言した退役兵たちに送った。ほとんどの元兵士たちが、同じ型のものと認めた。色やハーネスのデザインが少し違うという人もいたが、そこに充填されていた物質の猛毒性を嫌というほど知っている多くの退役兵たちが、取り扱いには充分に注意するようにと、私に警告をしてくれた。

辺野古の報告会は、私が調査でつかんでいた多くの手がかりを結び合わせることになった。地元の住民は、元米兵たちと同じように、被害にあっていたと確信した。沖縄の作業員たちがこの毒物の噴霧に携わっていたという証言も得られた。エージェント・オレンジ・マニアと呼ぶべき人物が決定的な証拠を提供してくれた。

しかし、私が追及すべきと決めた最後の証言がまだ残っていた。そして、その証言が不可欠だと私は考えていた。

軍雇用員の証言

沖縄では、極めて秘密の面会に限って、なんとも不似合いな場所で行われるものだ。ジャーナリストの国吉とはデパートのカフェで面会をした私だが、稲隆博（いなたかひろ）とは沖縄中部にあるアメリカン・ハンバーガー・レストランで会うことになった。

元軍雇用員の稲隆博

稲は一九六四年から一九七三年頃まで、知花(ちばな)弾薬庫で「タイムキーパー」と呼ばれる職に就いていた。そこで彼は、貯蔵、補給、修理業務に携わる五〇〇人ほどの沖縄の労働者の出勤管理を行っていた。稲はもともと、仕事について私に話すのは気後れしていたと言う。

「多くの軍雇用員は、この種の話をしたがらない、デリケートな状況がある。しかし元米兵たちが語りはじめたことを聞き、彼らの勇気が私を後押ししてくれた。私も話そうと決心しました」

この後二時間、そばでは地元の子供たちがハンバーガーとポテトフライをほおばっている賑やかなレストランで、稲の知花弾薬庫での体験談が語り明かされた。まず稲は、基地で働く沖縄の人びとが担った作業から話し始めた。

もっとも記憶に鮮明なのは、ヴェトナムから送り返された不発弾の処理だった。銃弾、手榴弾から一〇五ミリ砲弾まであった。危険な作業のため、時には事故で負傷する作業員も出た。稲によれば、沖縄差別への反発が当時は非常に強かったという。日本本土の米軍基地であれば、そのような危険作業には危険手当が支給されただろう。しかしここは沖縄であって、彼らに特別な手当が付くことはなかった。

稲は日本語で話した。だが彼は私の話す英語を充分に理解しており、彼の話は、米兵に馴染みのフレーズで味付けされていた、いくつかは私も知らないような言い回しだったけれど。元米兵がこの面談に同席していれば、と思った。ボキャブラリーという技術的な問題だけではなく、彼らがいれば、それがきっかけとなって、稲はもっと自分の経験談を語っていただろう。

稲によると、知花弾薬庫には、機密の毒ガスが貯蔵されていたため、セキュリティも非常に厳しかった。ＩＤパスの種類によって、高度に機密指定された地区は出入りが禁止されていた。しかしこの機密レベルは、提供区域内のエージェント・オレンジがあったと思われる場所には適用されていなかった。

「オレンジの帯が周囲に描かれていたドラム缶は、トゥリー・クォラー（四分の三トントラック）の荷台に載っていました」

さらに稲は、提供区域内で働く噴霧作業班も見ていた。

「アメリカ人も沖縄の人もいた。防護服などはなく布のマスクと、だれでも持っているような作業用の革手袋だけだった。噴霧した後の植物の枯れ方は尋常ではなかった。葉に油状のものがくっついていた。同じ枯れたのでも普通とは違って、赤みがかった感じだった」

稲は、噴霧班がバックパックから薬剤を噴霧していたといった。タンクはシリンダー状でカーキ色に塗られていた。先のエージェント・オレンジ・マニアが基地のフリーマーケットで購入したものと特徴が一致している。メンテナンス作業員はチームを組んでローテーションで作業しており、月に一度の頻度で除草作業をしたという。

一九六八年秋ごろ地元紙では、知花で使用されている化学物質に対する懸念が取り上げられていた。地元農家のピーマンやパパイア、ゴーヤーに奇形が多発した。地元紙の記事は、この被害が、ヴェトナムで米軍が枯れ葉剤作戦に使用した物質ではないかとの疑問も呈していた。(注1)

稲の話は元米兵の話を沖縄側から裏付けるものとなった。私が探し求めていたものである。ばらばらの半分ずつが、ひとつにつながったのだ。その見事な相似は、疑いの影を差し挟む余地などなかった。

元米兵たちにこのニュースをどんな風に知らせようかと思うと、私の心は騒いだ。だが、稲の話がすぐに私を現実に引き戻した。彼がエージェント・オレンジのドラム缶を目撃したのは、知花弾薬庫だけではなかった。具志川(ぐしがわ)付近でも、目撃したというのだ。

(注1)「除草剤が原因　基地周辺作物の萎縮症状」『沖縄タイムス』一九六八年九月一六日。「野菜などに奇形　原水協、弾薬庫付近を調査」『沖縄タイムス』一九六八年九月一八日夕刊。

一九六八年、天願桟橋

ジェームズ・スペンサー。天願桟橋付近の海岸での噴霧を最初に教えてくれたのは、車椅子の生活を強いられた元港湾作業兵の彼だった。私が会ったときに彼は、その一帯に仲間の兵士と一緒に枯れ葉剤を噴霧するよう命令されたと話した。上官はそれがヴェトナムで使っているのと同じものだといっていた。さらにスペンサーは臭いも、那覇港で積みおろし作業の応援に加わったときに、オレンジの帯のドラム缶から嗅いだものだと認識した。天願桟橋近くの除草作業で、その化学品は非常に効果を発揮し、そして彼らの脚が焼けただれた。

一九六八年、稲は天願桟橋を訪れたとき、一帯を噴霧作業中の米兵を見た。彼は作業中のスペンサーたち兵士を目撃していたことになる。両者はお互いに会ったこともないはずだが、二人の話は合致する。そもそもの事実として、米軍が除草した理由は、ヴェトナム戦争が激化するに従って、使われていなかった天願桟橋を活用しようというものだった。

スペンサーが噴霧するよう命令された物質は、エージェント・オレンジだという考えを裏付けるのが稲の証言である。稲は当時、その近辺でオレンジの帯のある複数本のドラム缶を目撃していた。ぴたりと一致するわけではないだろうが、その時のエージェント・オレンジは、目撃されたドラム缶の数から考えておよそ一千リットルにも上るだろう。恐るべき量だった。

一九六二年、サイゴン付近での最初のランチハンド作戦で空から撒布されたのは、七〇〇リットトルを超える量だった。天願桟橋付近の一箇所に集中してこれほど大量のエージェント・オレンジを使用したならば、控えめに言ってもやり過ぎだ。スペンサーによれば、壊滅的効果だったという。稲は、天願桟橋近くの長い海岸線が怖いくらいに漂白されたようだったといった。キャンプ・シュワブで枯れ葉剤が使用されたその後について、辺野古の住民が語っていた光景と、それは同様の効果をもたらしたのである。

子供が犠牲に

スペンサーがエージェント・オレンジを噴霧し、稲が噴霧作業を目撃したという天願桟橋の話は、ヴェトナム戦争中の沖縄で騒動を巻き起こしたある事件に符合する。

一九六八年七月二一日、子供たちの一団が那覇から海水浴のため、天願桟橋付近の海岸を訪れた。水に入ってから二〇分ほどして、体が焼けるようだと騒ぎが起こった。教員たちが海から上がるよう指導し、すぐに病院に駆け付けた。子供たちは、唇が腫れ上がり、目は充血して痛み、なかには火傷の症状が酷く、入院した子供もいた。二三〇名以上の子供が負傷した(注一)(＊)。

当然この事件は、メディアの注目を浴び、米軍当局は関与を否定した。はじめは付近の工場が出した汚染のせいにしようとした。この理屈が通らないとなると、海洋生物の一種だろうと責任転嫁をした。自然界のせいにするのは、読谷の核ミサイル拠点で発生した漏出のときの焼き直しで、ジャーナリストの国吉が語ったように、読谷のときは「雨が少なかった」のが原因にされた。

子供たちの被害と米軍の枯れ葉剤との結びつきを強固なものにする、三つの重要な根拠がある。第一に、枯れ葉剤を噴霧した元兵士たちと子供たちの症状が一致している。火傷に似たヒリヒリとした痛みである。また、スコット・パートンがキャンプ・シュワブの水路に、噴霧直後に入って負傷した脚の症状も似ている。一千リットルのエージェント・オレンジも海で希釈されていただろうという人は、ダイオキシンの威力を忘れている。ピコグラムの単位で害を与える物質であり、一九六一年一二月に国頭村で噴霧された薬剤は、二頭の牛を倒すほど強力だったのだ。

第二に、私が読んだ「ウォールストリート・ジャーナル」の記事によると、この海水浴事件の後、米軍はビーチに化学兵器事故処理班を派遣している。(注2)(**) 結果は公表されていないが、彼らは沖縄当局に「事故の原因となるような証拠は発見できなかった」と報告している。いうまでもなく、この言葉は、半世紀に及ぶエージェント・オレンジの危険性否定の言葉と同じだ。

そして目をそらすことができないもう一つの事実を、沖縄のテレビ局ディレクター、島袋夏子が探し当てた。子供たちへの被害と同じ時期に、近隣で起こった事件である。(注3) 付近の水田で奇形のカエルが数十匹も発見された。何匹かは多肢で、てらてらとしてむくみ上がったクモのような姿をしていた。このことから、子供たちの被害は、海洋生物が原因ではないことが理解できる、カエル被害は内陸で起こったのだ。スペンサーと兵士たちが噴霧した物質は、人間の胎児に奇形を引き起こしたのと同じように、恐ろしい影響を生き物に及ぼした。おそらくやんばるのトカゲやカメやイノシシも、同様だった可能性がある。

事故から四〇年以上が経過した今となっては、動かぬ証拠でエージェント・オレンジと子供たちの海水浴事故を結びつけることは不可能である。だが、この事件から、米軍統治下に置かれた沖縄のグレーゾーンの問題が浮き彫りになる。民間の捜査権限がなければ、米軍当局が、この島の化学兵器と人体への影響の関連を否定するのは造作もないことなのだ。

稲は、米軍戦争マシーンの渦中にあったとはいえ、自分の仕事を通じて、ヴェトナムの人びとに危害を加える行為に手を貸したことに、罪の意識を感じていた。一九六九年、基地内で知り得た化学兵器に関する情報を持って、彼は新聞社に向かった。それは自らの職を賭けての行動であり、刑務所入りの恐れもあった。だが、猛毒兵器の噂は絶えず、それらが格納された場所は沖縄の住宅密集地にも近い。意思に押されて、彼はあえて口を開く決意をした。

「真実を知らせるのは自分の使命だと思いました」

こうして処罰の危険をかいくぐるように行われた稲の証言が、米軍基地のなかの出来事を必死に追い求めていた沖縄のジャーナリストたちの限られた情報源に一石を投じることになった。

私には、稲の勇敢な行為が、沖縄におけるエージェント・オレンジ使用を公表した最初の元米兵たちの姿に重なって見える。通常、米兵たちと沖縄の人びとが、共通の大義の下に連帯することは滅多にない。だが、この島で起こったエージェント・オレンジ犯罪は両者を引き合わせ、間に横たわる地理的な距離もイデオロギー的な距離をも溶かした。

この後も使命感が、様々な地位にあるさらに多くの人びとを結びつけることになる。みんなが、真実を明らかにしたい一心で行動した。

（注1）"Skin Rash Puzzles Okinawans," *Stars and Stripes*, August 2, 1968.
（注2）Robert Keatley, "Nerve Gas Accident: Okinawa Mishap Bares Overseas Deployment of Chemical Weapons," *Wall Street Journal*, July 18, 1969.
（注3）「奇形カエルが生息　具志川海岸のいぐさ田に」『沖縄タイムス』一九六八年七月二四日九面。
（＊）「臨海学校で二百人余が皮膚炎症　海水に強い刺激物〝先生目が開けられない〟」『沖縄タイムス』一九六八年七月二二日七面。
（＊＊）「米軍、沖縄にも毒ガス部隊配置」『琉球新報』一九六九年七月一九日。

第Ⅴ章 文書に残された足跡

戦争犯罪の立件に向けて

ヴェトナムにおける米軍のエージェント・オレンジ使用は戦争犯罪である。私は調査を重ねて、それが沖縄にも当てはまることを理解した。

証拠の数々は膨大に積み上がった。何十名もの退役兵たちの証言、彼らの症状とエージェント・オレンジとの関連や、彼らの子供たちの死亡、病状を証明する医師の所見などが集まった。沖縄の住民が島での噴霧の目撃者だった。その友人や近隣の人びともダイオキシン中毒が原因と見られる病で倒れた。パートンとシパラが持っていた二枚の写真（九三ページと一一三ページ参照）は、米軍提供施設内に存在したエージェント・オレンジのドラム缶を写していた。

私は米軍に対して抜かりなく立証をしなければと考えていた。

沖縄のメディアは事態を正しく理解している。『琉球新報』『沖縄タイムス』でも、テレビ局でも、新しい発見があるたびに報道で取り上げられた。

もっとも熱心なサポーターは、琉球朝日放送局（ＱＡＢ）のディレクター島袋夏子である。私が調査に着手した当初から、彼女はその有能な手腕と仕事量、そして幅広い人脈で、真実を暴く追及を背後から支えてくれた。メディアが注目したことで、世論の関心が高まり、県レベル、国政レベルで議員がこの問題を取り上げるようになった。

二〇一一年九月、徹底調査を求めた名護市の決定に、その他の市町村が続く。嘉手納町、沖縄市の首長たちは、日本の玄葉光一郎外務大臣に対し、エージェント・オレンジ問題の調査を要請した。北谷町長は、内閣官房副長官と面会し、スミスの証言した枯れ葉剤の埋却について調査を求めた。

この怒りのうねりは、仲井真弘多沖縄県知事に届いた。駐日米大使ジョン・ヴィクター・ルースと面会した仲井真知事は、元米兵の証言について調査を要請している。

なおも続く否定回答

当初、真実を突き止めるという私の決意を軽視した米国政府は、沖縄の政治家や住民の怒りも軽く見ていた。そして二〇〇七年の共同通信報道の後と同じ、型どおりの否定で追い払うつもりだったのだ。二〇一一年一〇月、米国防省から私に届いたメールをここに再現しておく。

「米国防省は、エージェント・オレンジ、ないし同種の除草剤が沖縄で使用、保管、輸送されたことを示す文書をもっていない」

在日米軍の広報官に連絡を取りコメントを求めた私に対して、広報官は、まだ沖縄のエージェント・オレンジ追及を続けているのかと言いたげに驚いた。

だが記事が数を重ねて掲載されるようになって、米軍は、否定のためにもう少し手の込んだ策略が必要になってきたと考えたようだ。手始めにキャンプ・シュワブに保管されていた大量のエージェント・オレンジ備蓄に関する退役兵の証言に対して、作戦は実行に移された。

二〇一一年九月の名護市の要請に対して、米国防省は、「枯れ葉剤はその他の化学物質と並べて保管することはなかった、万一、エージェント・オレンジがあったとすれば、明瞭にそう表示したはずだ」との見解を示した。ドラム缶にはオレンジの帯が描かれていた、それをはっきりと写したパートンの写真もあるというのに、退役兵たちの証言を無視した反論だった。

いずれにせよ、私は米国のエージェント・オレンジ問題の専門家に米国防省の否定回答を照会し、意見を求めた。全員が、米国防省の理由付けを一笑に付した。ドラム缶の保管場所など、どこでもあり得たと彼らは答えた。表示についても、ドラム缶は三七もの異なる製造元から届いており、配送のたびに塗り直し、詰め替えや、修繕もたびたびで、目印のステンシルの表示はすぐに消えてしまうようなものだったという。

次に米国政府が採った策は、定石ではあるが手法としては後退したもの、つまり一九六〇年代から一九七〇年代のときのように、退役兵たちを貶(おとし)めるという手段だった。

「退役兵の証言には疑問を感じる点もいくつかある」——米国防省は日本政府に対してこのように報告していたことが一一月の報道で発覚したのだ。

この反応は、米軍の元兵士たちを激怒させた。ジョー・シパラは言うまでもない。

「これは、誇りを持って国に尽くした男たち女たちの忠誠と倫理に対する侮蔑だ。我々は偉大なるアメリカ合州国と沖縄島を守るために、人生の若い日々をなげうったのだ」

シパラは静かにそう語った。

日本政府も相変わらずだった。単に米国政府の発表をオウムのように繰り返すだけで、独自に調査をする努力も見られなかった。米国政府も日本政府も、退役兵が全員亡くなるまで嘘をつき、否定を重ねておけば充分と考えているようだ。

失意の日々

ヴェトナムにおけるエージェント・オレンジに関して、米国政府の半世紀にわたる嘘と隠蔽を知る者としては、この回答はある程度想定できた。だが、これほどの厚顔な米国防省の否定回答に直面すると、さすがの私も、そして退役米兵たちの多くも、驚きを隠すことができなかった。衝撃を受けて、沖縄で被曝した一〇名の元米兵が、米上院に書簡を送り徹底調査を求めたが無視された。そこで彼らは、自費で沖縄に渡り、日本政府に対してエージェント・オレンジが貯蔵され噴霧された場所を特定したいと申し出た。しかしこれも黙殺された。

このころ、CIAの元職員で、私と密接に連絡を取り合っていたL・Eという人物がこの世を去った。L・Eは、沖縄で行われた不正義を知り、エージェント・オレンジの真実探求を影で支えるため、幅広い知識と経験を提供してくれていた。彼の死が、私たちの奮闘に影を差した。

声を挙げる勇気を何とか振り絞ってきた多くの退役兵たちの決心が揺るぎはじめた。みな、自分たちの主張が「疑わしい」とする米国政府の否定を、「警告」と捉えていた。沖縄におけるエージェント・オレンジの存在に固執すれば、自分たちの人格そのものが攻撃にさらされる、ヴェトナム退役兵たちがジャンキー、アル中、性的倒錯などとレッテルを貼られたのと同じように……。

私にも、「警戒するように」との声が届いた。西山太吉――沖縄返還交渉にともなう日米密約を報じたジャーナリストのことを思い浮かべた。日本政府は彼の職も個人生活も破壊した。外国人である私の立ち位置は非常に不安定で、外務省はマウスクリックひとつで、私のヴィザを無効にして、次のフライトで国外に退去させることも可能なのだ。だが、ここで降参したら、私は自分自身を許せなくなる。権力が挑みかかれば私は汚名をきせられる。だが退役兵たちや沖縄に暮らす人たちの受けている苦しみに比べれば、そんなものは大したことではない、私はそう思うことができた。

数の力

海兵隊の女性兵士、カエテ・ガーツからの最期のメッセージは、「数の力があるでしょう」だった。米国防省の否定回答が続く暗澹たる日々に、この賢明な言葉は的確だった。

私の記事に、信じられないほど幅広い人びとから支援が寄せられた。沖縄では環境NGOの沖縄生物多様性市民ネットワークが、河村雅美博士のリーダーシップによって、問題の背景に重点を定めて取り組んだ。彼らは防衛局や外務省などの政府機関とことあるごとに会見を持ち、退役兵と住民の訴えを汲んで行動するよう要請を重ねた。古い沖縄の新聞記事の切り抜きを送ってくれた大学院生もいた。伊江島の枯れ葉剤、知花の奇形野菜、怪しいドラム缶の写真などがその中に含まれていた。

米国でも、私たちの取り組みに党派を問わず各地から関心が寄せられた。共和党、民主党、懐柔

米政府職員のミシェル・ギャッツ。職務を賭けて沖縄におけるエージェント・オレンジの存在を追跡した

策など通用しない独立系からも、「被曝したすべての人に対する犯罪であり、その真実は明らかにされるべきだ」との賛同をもらった。

合州国側のサポーターのなかでも重要人物となったのはジョン・オーリンだ。兵士の父を持つオーリンは八〇年代にキャンプ・フォスターのクバサキ・ハイスクールに通った。沖縄への愛情を原動力として、彼はこの島におけるエージェント・オレンジの使用をめぐる真実が明らかにされることを強く願っていた。

オーリンと並んで、ミシェル・ギャッツも協力者となった。ミネソタを拠点に、退役軍人局の職員として公務に就く彼女は、職務として、退役兵の市民生活への復帰支援を行っている。私の記事が明らかにした不正義の数々は、ギャッツが職務の範囲を超えてこの問題に取り組む原動力となった。ギャッツから私に届くたくさんのメールが送信されるのはいつも、ミネソタ時間の午前三時ごろで、彼女も徹夜で手がかりを追い求めていることが伺えた。このような調査が自分の立場に及ぼす危険性にもひるむことなく、ギャッツは職の安泰よりも真実を見つけることの方が重要だと語ってくれた。

ジョー・シパラが立ち上げたソーシャル・ネットワークのサイトがなければ、情報を共有することは不可能だっただろう。シパラのウェブページは、前例のないリサーチ・コミュニティに成長した。テクノロジーを使えば、世界中のサポーターが、つい五年前だったら想像もできないような協働を実現できる。これは捜査とジャーナリズムの新しい手法、調査と情報のインターネット上のクラウドソーシングであり、それこそは数の力を訴えたガーツの信念の具現化なのだ。

米国政府の否定を支える「記録がない」という主張。ならばそれを探せばよいのだ。

ポーカーで言うならオッズ・アゲインスト。賭け率では劣勢に立っている。それはわかっていた。米当局はもう半世紀以上も沖縄と世界中で、エージェント・オレンジにつながる記録を隠し続けてきた。だが私はあきらめなかった。

米国防省の「否定」をデッドエンドと考えるのはもうやめよう。これは「証拠があるなら探してみろ」という挑戦状なのだ。オーリンやギャッツとともに、私たちは電話、ファックス、書籍や報告書の収集に大枚をはたき、埃だらけのボックスの中から何百時間もかけて政府の記録文書を掘り起こした。

そして、五〇年間の先行スタートにもかかわらず、米国政府はあらゆる証拠の足跡を完全にもみ消していなかったことが判明した。現在までの私の調査を支えるだけでなく、この先、予想もしなかった新展開へと導いて行く、そのような証拠文書の存在が明らかになった。

抱え込んだ大量の在庫―フォート・デトリック報告書

まず、一九七〇年四月の出来事を思い出しておこう。当時、ヴェトナムでの約一〇年の枯れ葉剤作戦の後、米国政府は唐突に航空機によるエージェント・オレンジ撒布の停止命令を出した。なぜなのか。

米国防省は枯れ葉剤が人体に有毒であることをずっと以前から知っていた、この証拠を米国メディアが突き止めた。米軍と製造業者は一九六〇年代初期には除草剤の危険性を隠蔽し得たが、もはやその猛毒性は、一九六九年には新聞の一面を飾るまでになっていた。

米国防省が撒布停止に方向転換した、言うなれば使用禁止の始まりの段階において、彼らの最優先事項は、ヴェトナムの人びとや自軍の病気の退役兵の救済でなく、使用を禁止されて抱え込んでしまった在庫の処分をどうするかということだった。

冷厳な兵站学(ロジスティクス)に根ざして次の方針を定めるため、可能な限りの情報収集と分析が始まった。この作業を担ったのが、米軍化学兵器研究計画の発祥の地、フォート・デトリックの研究施設であった。そして使用停止から一年半後の一九七一年九月、「除草剤、枯れ葉剤計画の歴史・兵站・政治・技術的観点」と題した報告書（以下、「フォート・デトリック報告書」と呼ぶ）が発表された。

「公用に限る」と分類されたこの報告書が、はじめて一般の眼に触れたのは、二〇一二年一〇月のことである。ある米退役兵がその一部を入手し、それが私の元に送り届けられたのだった。報告書によれば、一九七一年のエージェント・オレンジの備蓄は、ミシシッピに集められた一万五千本、そして南ヴェトナムの二万五千本だった。さらに注目すべきは、ヴェトナムに輸送されたエージェント・オレンジの一四%、そして四〇万リットルのエージェント・ピンクが、行方不明となっている点だ。巨大な戦争マシーンの歯車のなかで、どこにあるのか判らなくなってしまったということを意味する。

フォート・デトリック報告書が目録化したものは、米国防省の「絶望」であった。備蓄分に相当する費用を損失にしないための種々の回避策が、そこでは検討されていた。アメリカの援助計画の下で、途上国で利用することも検討された。製造会社へ返品について問い合わせてみたものの、業者は早々に損失管理モードに切り替わっており、返品提案は却下された。

業者曰く、「ドラム缶は軍によって塗装し直されており、どの缶がどの会社の製品なのかは特定できない」だった。

そして別の提案として報告書が検討したのが埋却、スミスや北谷町の住民には申し訳ないが、お馴染みの、あの提案だった。

この報告書に染みついている暴力性は、それ自体が衝撃的なものだ。だが、その退役兵が、このフォート・デトリック報告書を私に送らなければならないと考えた理由は、干し草の山に埋もれた一本の針に等しい、たったひとつの文章だった。

HISTORICAL, LOGISTICAL, POLITICAL AND

TECHNICAL ASPECTS OF THE HERBICIDE/DEFOLIANT PROGRAM

1967-1971

A resume of the activities of the
Subcommittee on Defoliation/Anticrop Systems for JTCG/CB
(presently known as Vegetation Control Subcommittee)

b6 Compiled by
Dr. [redacted] USA/Fort Detrick
1971 Subcommittee Secretary

September 1971

For Official Use Only

(4) Vietnamization Program

(5) ORANGE Stockpile in Vietnam

(6) Herbicide Stockpiles Elsewhere in PACOM-US Government Restricted Materials Thailand and Okinawa (Kadena)

JCS

Status of Vietnamization as related to the herbicide program.

フォート・デトリック報告書の表紙と該当部分

【太平洋軍（PACOM）のその他全域の除草剤備蓄　米国政府規制物質　タイと沖縄（嘉手納）】

これが、沖縄に除草剤が存在したことを紛れもなく示した最初の公文書発見となった。フォート・デトリック、除草剤計画の誕生の地から出された証拠が、沖縄の備蓄の事実を明らかにした。特に、病気を患う多数の退役兵の証言が裏付けられたことの意味は大きい。嘉手納空軍基地に移送し、提供区域に撒かれたというラリー・カールソンの証言も証拠付けられたのである。

沖縄がタイと併記されていることも重要である。米国防省はタイでのエージェント・オレンジ使用を認めていた。除草剤を積んだ航空機は、タイから隣接するヴェトナムに飛んでおり、除草剤はタイの米軍駐留地でも、敵の侵入を抑止する目的で撒布されていた。

嘉手納——積み重なる証拠文書

一九七一年のフォート・デトリック報告書は、沖縄市に返還された区域から二〇一三年夏に掘り出された、あのダウ・ケミカルのドラム缶発見事件を裏付けるものでもある。除草剤犯罪に嘉手納が関与していたのだ。そしてこの後、嘉手納の関与を示す文書証拠が複数になった。

米空軍の退役兵から、ヴェトナムでエージェント・オレンジ撒布を行ったC１２３輸送機が、嘉手納に飛来したことを示す文書が、私の元に提供された。

戦闘で破損した車両が、修復のため牧港に送り返されたように、C１２３はメンテナンスのために嘉手納に向かったのだ。枯れ葉剤は当然、機体にもダメージを与えるため、防護処理を必要としていた。すなわちこれらの機体はエージェント・オレンジで高濃度に汚染されており、修復作業に関わった人たちが、猛毒のかたまりに曝されたことは想像に難くない。C123の除染後の排水・洗浄液が付近の住民に被害を及ぼした可能性も出てきた。

この証拠を見て、私はヴェトナムのトー少将のことを思い出していた。彼は、撒布機が沖縄からヴェトナムに飛来したと確信していた。あるいはランチハンド作戦の搭乗員が、日本語の紫という漢字をロゴに使っていたという証言もあった。

そして私は、三つ目として、沖縄に言及した米空軍文書も入手した。ヴェトナムでエージェント・オレンジの使用が激増した一九六六年九月ころのものである。

それは民間の技術担当者が嘉手納空軍基地を訪れた際の報告書で、除草剤使用の「安全で効果的な計画を確立する」ことを目的としたものだった。この人物の訪問中、米軍の担当者たちは「新たに使用許可された数種の薬剤を……除草に使用するための方法」について指導を受けたという。沖縄の基地従業員もこの教習に参加したが、「言語の問題があるため翻訳の必要がある」と記録されていた。

この文書は、米兵と沖縄の人びとを、島中の基地で使われた軍用除草剤と結びつけた。「言語の問題」への言及が暗に示すのは、指導が行き届かず、充分に訓練されたとはいえない沖縄の人びとが、同じ運命にあったアメリカ人と比べて、より被曝のリスクにさらされていたということだ。

ところで、元米兵たちの沖縄におけるエージェント・オレンジ使用の主張を却下してきた数百に

Air Force Stf Rp[illegible] + PUBLICATIONS

1318 3

DEPARTMENT OF THE AIR FORCE
HEADQUARTERS PACIFIC AIR FORCES
APO SAN FRANCISCO 96553

REPLY TO ATTN OF: DCEMU

8 September 1966

SUBJECT: Report of Staff Visit, Philippines, Taiwan and Okinawa

TO: 5AF (DCE/SG) (2) 13AF (DCE/SG) (2)

1. Attached for your action is a Report of Staff Visit to Philippines, Taiwan and Okinawa, conducted by a Civil Engineering representative from this headquarters during the period from 7 August 1966 to 24 August 1966.

2. A reply to the attached Report of Staff Visit is not required unless exception is taken to the recommendations contained therein.

FOR THE COMMANDER IN CHIEF

ALFRED KAUFMAN, Colonel, USAF
Director of Operations & Maintenance
DCS/Civil Engineering

1 Atch
Rprt of Staff Visit (Philippines, Taiwan and Okinawa)

Cy to: 636 Cmbt Spt Gp (2)
John Hay AB, Phil (2)
6213 Spt Sq (2)
6214 Spt Gp (2)
6217 Cmbt Spt Gp (2)
51 Cmbt Spt Gp (2)
824 Cmbt Spt Gp (2)
5th Epidemiological Flight (2)
U.S. Army Medical Lab (2)

RECEIVED SEP 2 0 1966

除草剤の技術指導に関する1966年の米空軍報告書の鑑文（かがみぶん）。
訪問先のひとつに沖縄とある

上る退役軍人省の否定回答の説明によれば、基地にあった除草剤は民生用の無害なものだったという。死に直面していたカエテ・ガーツへの申請拒否に使われていたのも、この論法だ。

そして四点目として入手した文書は、一九六八年の軍補給品カタログである。このカタログにはあらゆる化学物質のリストが掲載されており、基地のごく一般的なメンテナンスを目的として発注が可能だった。リストには台所用洗剤や食堂のネズミ駆除薬から、ボディ用デオドラントまであった。そうした品目と並んでいたのが、ヒ素で彩りを添えた除草剤ブルー、発癌物質を含む除草剤ホワイト、そして除草剤オレンジときたら、世界最悪の猛毒物質ダイオキシン入りというわけだ。

これらの除草剤は、世界中の米軍司令官が注文可能で、五五ガロン（二〇八リットル入り）ドラム缶一本の値段は三八五ドルだった。深刻な発見とはいえ、リストのこの値段は少々笑いを誘う。沖縄の退役兵はドラム缶一本一〇〇ドルほどで売っていたのだ。もし軍が支払っているカタログ価格を知っていたら、闇市での売値は吊り上がったことだろう。

フォート・デトリック報告書、C１２３の嘉手納基地飛来に言及した文書、一九六六年の技術指導に関する米空軍の報告書、これらが、嘉手納空軍基地における除草剤の存在を示す動かしがたい証拠に加わった。さらに、補給品カタログによって、除草剤は退役兵たちの主張どおり、いつでも使用可能だったことがわかる。

複数の文書で、沖縄におけるエージェント・オレンジの使用、保管、輸送を示すいかなる文書も見付からないという「米政府の標準化した発表」は、嘘だということが証明された。

Army - Misc.

0641 5 ***SB 3-40**

DEPARTMENT OF THE ARMY SUPPLY BULLETIN

HERBICIDES, PEST CONTROL AGENTS, AND DISINFECTANTS

Headquarters, Department of the Army, Washington, D.C.
18 September 1968

1. Purpose. This bulletin furnishes guidance for Army facilities, other units and troops in the requisitioning of pesticides, rodenticides, fungicides, herbicides, disinfectants, and various sewer treatment compounds.

2. Definitions. *a.* Herbicides are materials which will destroy, prevent, or mitigate the activity of plant life. Selective herbicides will kill undesirable plants without serious injury to desirable types growing in the same area. Nonselective herbicides will destroy all forms of plant life. Soil sterilants make the soil incapable of supporting plant growth.

b. Pesticides are materials having the ability to destroy, or to mitigate the activity of, insects (insecticides), rodents (rodenticides), fugi (fungicides), nematodes, and other pests. Included under this definition are repellents, which prevent pest attack or damage by making unattractive to those pests the areas under treatment.

c. Disinfectants are materials which destroy disease germs or other harmful microorganisms.

d. Sewer treatment compounds are materials used for removing grease and controlling odors and root growth in sewer systems.

3. Scope. *a.* Supplies listed herein will normally be utilized at Department of the Army installations and for troop supply. Prior approval of the appropriate commands listed below will be obtained by the installations thereunder for local purchase of items to be substituted for the items listed in this bulletin.

(1) *Herbicides.* CONUS Army Commands, Military District of Washington, or the U.S. Army Materiel Command (acting upon recommendation of the staff agronomist and with the concurrence of the command surgeon); all other installations, including overseas, will obtain, through appropriate channels, prior approval from the Chief of Engineers, ATTN: ENGMC-FB.

(2) *Pesticides.* major commands or major subordinate commands.

b. Requisitions for items not included in this bulletin will have indicated on them the approval of the appropriate command as listed in *a* above.

c. Requisitions for all items other than FSNs 6840-823-7945 and 6840-864-5430 will be forwarded to Defense General Supply Center, Richmond, Va., routing identifier S9G, from all CONUS installations. Requisitions for FSNs 6840-823-7945 and 6840-864-5430 will be forwarded to Headquarters, U.S. Army Petroleum Center, Cameron Station, Alexandria, Va., routing identifier A95, from all CONUS installations. Oversea installations will utilize appropriate channels. For pesticides, the normal supply should be adequate for operations for a period of 60 days; major commands may issue directives authorizing requisition in accordance with requirements. The supply level of herbicides at installations will be approved by the engineer. The need for any of these items may vary seasonally and within geographic subdivisions of commands.

d. Service schools, laboratories, and other such agencies of the Army are authorized to requisition pesticides as needed for educational and training purposes.

*This Bulletin supersedes SB 3-40, 20 May 1963.

1

1968年の軍補給品カタログ

6840-926-9093	Herbicide, Picloram-Silvex Salt (Tordon 101) (White), Liquid Form.	55 gal drum	385.00
6840-882-4810	Herbicide, Silvex, Low Volatile Ester (4 lb acid per gallon).	5 gal drum	77.00
6840-814-7334	Herbicide, Simazine, Powder (80%)...........	5 lb bag	12.75
6840-664-7060	Herbicide, 2,4-D, Liquid Form (4 lb acid/gal) Amine Salt.	5 gal can	11.95
6840-577-4194	Herbicide, 2,4-D, Low Volatile Liquid Ester (4 lb acid per gal).	5 gal drum	18.30
6840-577-4195	Herbicide, 2,4-D, Low Volatile Liquid Ester (4 lb Acid/gal).	55 gal drum	181.00
6840-825-7792	Herbicide, 2,4-D, 2,4,5-T mixture Low Volatile Liquid Ester (2 lb each acid/gal).	55 gal drum	297.00
6840-582-5440	Herbicide, 2,4,5-T, Low Volatile Liquid Ester (4 lb acid per gal).	5 gal can	32.60
6840-577-4201	Herbicide, 2,4,5-T, Low Volatile Liquid Ester (4 lb acid per gal).	55 gal drum	348.00
6840-926-9095	Herbicide, 2,4-D and 2,4,5-T (orange).	55 gal drum	385.00

6. Disinfectants. To be issued as required by the using organization or per

Federal stock No.	*Item*	*Unit pkg.*	*Price per Unit pkg.*
6840-810-6396	Disinfectant, Food Service, Type I.............	4.47 oz pouch	.50
6840-530-7109	Disinfectant, Germicidal and Fungicidal Concentrate, Liquid.	1 gal bottle	1.00
6840-753-4797	Disinfectant, Germicidal and Fungicidal Powder, Phenol Type.	1 oz pouch	.14

除草剤（オレンジ）55ガロン入りドラム缶1本385ドルとある

米国防省は、一生懸命に捜索しなかったのか、あるいは退役兵と日本政府に対して不誠実であったのか。一連の文書の存在は、処分をまぬがれた記録がほかにも発見できるだろうとの希望につながった。

こうして証拠文書の探索を続けるなかで、私は多くの人が予想しなかった手がかりに遭遇することになった。それは沖縄におけるエージェント・オレンジの追跡と、米軍史上最高機密の作戦のひとつを結びつけるものだった。「レッド・ハット作戦」である。しばらくの間、あまりの事態の重大さに、「記事にするならクール・ジャパン(*)とかアニメの話題にしておけ」という友人のアドヴァイスを、私は真剣に考えてしまったほどだ。

（＊）外国人向けに日本文化をポップに売り込もうとする日本政府の戦略やその対象となる事物のこと。

第Ⅵ章

沖縄、エージェント・オレンジ、レッド・ハット作戦

一九六九年七月、重大事故発生

一九六九年七月といえば世間では、ニール・アームストロングが人類として初めて月面に降り立った日を思い出す人が多いかもしれない。だがヴェトナム戦争に関わった者にしてみれば、アポロ11号は恐怖の日々のなかのほんの一コマに過ぎない。五〇万人を超える米軍が東南アジアの地に降り立ち、米空軍は連日、沖縄の嘉手納基地から空爆のため出撃し、そして沖縄はヴェトナム反戦運動に沸き立っていた。

沖縄の高等弁務官に着任して六カ月のジェームズ・ランパート中将にとって、それは心労の多い日々だった。だが七月八日、一本の電話で起こされた彼は、さらにその後数カ月間、眠れない夜を過ごすことになる。電話口の第二兵站部司令官が彼に告げた。

「知花弾薬庫で漏出です」

米国防省が朝鮮戦争で使用する目的で知花弾薬庫に化学兵器を運び始めたのが一九五二年、それ以後、弾薬庫の装備は塩分を多く含む沖縄の大気によって着実に腐食が進んでいた。保安装置と呼べる唯一のものは檻に入れたウサギであり、場所によっては、第二の動物による初期警報システムで補強された。つまり施設に放し飼いになっていたヤギの群れがそれである。

七月八日の出来事の報告には、これらの動物たちが期待通りに働いたかどうかには言及がない。米国防省の報告にはよくあることだ。ただ私たちが知りうることは、次のようなことである。

七月八日、メンテナンス兵が化学兵器から錆を取り除くため、サンドブラストをかけていた。この作業が原因で複数箇所からの漏出事故が発生、二三名の兵員と一名の民間人が有毒物質に曝露した。米軍は事故の詳細を決して公表しなかったが、この化学物質は神経性のＶＸガス、ないしサリンの可能性があると推察された。被曝した人たちは病院に搬送され、入院が一週間に及んだ人もいた。ＶＸガスとサリンの猛毒性を考えれば、死亡者が出なかったのは奇跡だったと言える。

即座に米国政府は事件の隠蔽にかかる。ランパートの回想録にその詳細が書かれている。最初の深夜の電話のなかで、第二兵站部司令官は漏出した毒ガス兵器を海へ投棄する可能性に言及した。エージェント・オレンジで過去に行われた、あのいつもの手法だ。公式記録では、高等弁務官がこの提案を却下したことになっている。だが、以下に見るように、その他の情報源が、これと矛盾する事実を伝えている。

沖縄の米当局が事件を隠蔽すべくスクランブルをかけているころ、ウォールストリート・ジャーナルは何が起こったのかをつかんだ。七月一八日付けの記事には、「神経ガス事故、沖縄の事故が明らかにした海外の化学兵器配備」との見出しが躍った。(注一)

このときまで、米国内では毒ガス計画のことも、ましてやそのような兵器が米国外に保管されていることすら知られていなかった。新聞報道によって、世界中から抗議の波が巻き起こった。もっとも激しかったのは当然、沖縄である。

ここでもまた、政府を動かしたのは、先行する米国メディアの報道だった。米国政府は自由主義世界のためと主張して戦争を遂行中だった。国際法で禁止されている毒ガス兵器の備蓄は、アメリカの道徳的高潔さを損なうものだった。米国の存立基盤に関わるダメージとなることを充分に察知した米国防省は、ウォールストリート・ジャーナルの報道から四日後、「可及的速やかに沖縄から化学兵器を撤去する」と発表した。

沖縄は米国防省にうってつけのゴミ捨て島であったが、とうとう毒物在庫品を廃棄する別の場所を探す必要に迫られたのである。

（注1）Robert Keatley, "Nerve Gas Accident: Okinawa Mishap Bares Overseas Deployment of Chemical Weapons," *Wall Street Journal*, July 18, 1969.

ジョンストン島

ジョンストン島は沖縄から六五〇〇キロ東の北太平洋上にある小さな粒のような島である。

一九世紀、海鳥が千年にわたってもたらした大量のグアノ（鳥糞石、リン鉱石）がアメリカ人の目にとまったのがそもそもの発端だった。米国商人は硝酸を豊富に含むこの資源を採掘し、肥料と火薬に利用した。やがて資源が枯渇すると、島は米軍に引き渡され、冷戦期、米国防省が沖縄に行ったのと同様に全管理権限をもって支配下に置いた。

絶海の孤島は、核兵器実験場にもってこいだという米国政府の確信があった。ただ、一九六二年に実施した三機の核ミサイル実験はいずれも予定通りに運ばなかった、二機は中空で発射中断、一機は発射台で爆発した。

実験事故はジョンストン島に放射性降下物をたっぷりと浴びせかけた。後戻りができないほど放射能汚染したこの島は、もはや平時の使用に向けた回復など不可能で、米国防省はさらなる大気中核実験の前哨基地として使用目的を転換し、また劣化の早い化学兵器備蓄の廃棄処理場とした。後者の軍備品はあまりに膨大だったため、ジョンストン島は埋立地を拡大し、一九六四年までに島は元の一二倍の大きさになった。

知花弾薬庫の漏出の後、米国防省は沖縄の毒ガスをこのジョンストン島に移送することを決定した。毒物の致死性や老朽化の状態から判断して、万が一の漏出が島風に煽（あお）られても、駐留兵士の居住地区の方ではなく、海の方向に流れるよう計画された島の外れに保管した。

レッド・ハット作戦公式記録

米軍はヴェトナムに仕掛けた化学兵器戦争に親しみやすいイメージを粉飾するため「ランチハンド作戦」と命名した。これと同じように、米国政府は沖縄からの毒ガス撤去に無害な感じのする名称を選んで「レッド・ハット作戦」とした。赤帽作戦だ。関係筋曰く、「名前は、いかにも米国防省内でテニスシューズ履きで働く小柄な老婦人によって適当に選択されましたというイメージで、作戦に従事した兵士たちには野球帽のかたちをした可愛らしいエナメルのバッヂが支給された」という。

だがそれは、米軍にはよくあることだが、アメリカ軍事史上もっとも謎の多い計画を隠蔽するために、注意深く編制されたものだった。

ジャーナリストとして仕事をしてきた私は、注意を要する繊細な問題を取材したこともある。反軍暴動や核兵器、知らずに生物科学兵器の実験台にされた兵士などだ。しかし機密という点でレッド・ハット作戦の右にでるものはない。最初から最後まで、この作戦は何層もの虚偽と情報操作で覆われていて、見通すことはほとんど不可能となっていた。関連文書はいまだに機密事項とされ、計画に関与していた退役兵を突き止めても、その多くが、語ることを拒否した。こうした兵士たちは、機密任務承諾書に署名しており、沈黙を破れば長期収監の刑に処せられる。「怖いのは刑務所ではない。頭蓋骨に後ろから銃弾を喰らいたくないんだ」という発言から、この恐怖の程度が推しはかられるだろう。

だが、実施から四〇年を経てなおも続くこのような恐怖を生み出したものは、いったい何なのだろうか。

まず米国防省が公表しているレッド・ハット作戦の詳細を検討しよう。記録によれば、撤去の責任者となったのはジョン・ヘイズ。そもそも朝鮮戦争最中の沖縄にこれらの物質の搬入を組織し、おそらく使用についても取り仕切った人物である。ヘイズは備蓄兵器を二段階に分けて撤去する計画を立てた。

知花弾薬庫の漏出から約一年半後の一九七一年一月一三日、作戦の「フェイズ・ワン」（第一次移送）が実施された。九台のトレーラーが知花弾薬庫から天願桟橋まで一一キロを走行した。天願桟橋といえば、ジェームズ・スペンサーが一九六八年に除草作業をした場所だ。

「フェイズ・トゥー」（第二次移送）で、兵器の大部分が搬出されることになった。だが、米国防省はこれを進める前に、知花から天願桟橋に至る新たな道路敷設を命令した。公式発表によれば、安全確保がその理由だったが、目撃者やメディアの監視を逃れて任務を遂行するためだろうとの疑いが持たれた。七カ月後、道路の完成を見た八月初旬に、残りの備蓄分を撤去する米軍の準備が整った。

機密解除された情報だけを見ても、フェイズ・トゥーで運ばれた兵器は身の毛もよだつ規模だったことが明らかだ。地雷、ロケット、弾丸、爆弾、砲弾、そしてドラム缶など、兵器の総重量は一万三千トンに上った。一五〇〇名の運転者が早朝四時三〇分から夕方六時まで、一週七日間、毎日休みなしで、知花から天願桟橋まで移送した。これほど苛烈なペースでも、任務の完了までに三八日を要した。使用したトレーラーは、延べ一二一三台だった。

飛行機事故を念頭に、米軍は車列上空を飛行禁止とした。万が一にも隊列に飛行機が墜落すれば、沖縄のあらゆる生命が全壊の危険にさらされていたのだ。

米国防省によれば、毒ガスは安全に輸送船に積み込まれ、最後の貨物がジョンストン島に向けて出港したのは一九七一年九月一〇日だった。最終便の船尾には That's All Folks!（これでおしまいだよ！）と書かれた横断幕が掲げられた。アメリカの子供向けマンガ、ワーナー・ブラザーズの「ルーニー・テューンズ」

ber's total rain offensive has helped produce 5.78 inches of

shortage, officials warn that consumption must be held down to

blem then in drawing from re-

(Continued on Page 3)

Ryukyuan Review

September 17, 1971 — Vol. 21, No. 37

Okinawa

GOODBYE OKINAWA!!! — As the USNS McGraw departed Okinawa last Friday, this message was hung over the starboard for Okinawa, especially the hundreds of people who participated in Operation Red Hat. See pages 6-7 for additional Red Hat Photos. (U.S. ARMY PHOTO)

Allocations Up for E-4

by CPT DENNIS MIKALE

A marked increase in allocations was recently received from USARPAC for promotions to grade E4.

Allocations reached a yearly high for the USARYIS command, numbering 372, and topping August's allocations by more than 150.

USARYIS officials are optimistic for the future months based on the number of personnel gains and losses.

For October, USARYIS has requested 241 E4 allocations from USARPAC.

Leadership School

レッド・ハット作戦最後の船が沖縄を出航する時に船尾に掲げられたバナー（ティム・グラヴェリー氏提供）

のエンディングに出てくるあのフレーズだ。

レッド・ハット作戦オルタナティヴ版
―トム・ウェストフォール

米国防省版の公式発表は、可愛い赤い野球帽のバッヂ同様、闇に覆われた真実を隠す目的で、衆目を集めるよう注意深く編制されたコケオドシだった。

最初の「嘘」は、米軍の移送作戦の開始時期にまつわる。知花弾薬庫で起きた漏出事故は一九六九年七月だが、フェイズ・ワンに着手したのは一九七一年一月になってからだ。一八カ月の時差が暗示するものは何だろう。第二兵站司令官からランパート高等弁務官にかかった最初の一本の電話に、その答えが隠されていた。私の調べによると、「米軍は漏出を起こした兵器の海洋投棄を実行に移す決定をしていた」というのが事実であった。私がインタビューした複数の退役兵によれば、知花の漏出事故後間もない一九六九年秋、この廃棄処分が遂行されている。彼らがこの出来事をはっきりと記憶している理由はふたつある。第一に機密任務承諾書に署名させられ、この件について口外しないと誓約させられたこと。第二に、毒ガス取り扱い用に用意されたガスマスクと特別な解毒剤を支給されたことである。退役兵たちは、毒ガスを輸送船に積み込んだことを覚えている。金属管に入れられていて、その一部は錆に覆われていた。

当時、第八九五軍警察隊に属していたMPのトム・ウェストフォールは、知花弾薬庫からの移送を監視する役目だった。ウェストフォールと同僚のMPは、事故や反基地活動家からの妨害がないよう車列のルートを点検していた。全部で六台あったそのトラックの積荷が、その後どうなるのか話は聞いていたと、彼は私に教えてくれた。

「海洋投棄のことで、安全なのかどうかとの議論がありました。投棄した後、ドラム缶はどのくらいもつのか、また海水によって拡散するのにどのくらいかかるのかも話題になりました」

Ⅲ章で証言したあのジェームズ・スペンサーは、この時、第四一二輸送部隊に所属した二〇歳の港湾作業兵として、化学兵器を積んだ船で出港している。

「兵器は長さ八～九フィート（二・四～三メートル）、直径三フィート（九〇センチ）くらいの大きな鉄のコンテナに入っていました。なかには腐食したようなのもあった。私たちは常時、ガスマスクとゴム手袋を装着していました」と、スペンサーは語った。

MPのウェストフォールと同様に、スペンサーも、万一に備えて解毒用の注射器を支給されていた（使うことはなかったが）。

スペンサーは船が目的地に到着したときのことを覚えている。

「私たちはクレーンで吊り上げたコンテナを船尾におろし、フォークリフトを使って投棄しました。どれほど捨てたのか覚えていません。たくさんあった。全作業行程は四八時間を要しました」

一九六〇年代を通じて、これは米軍の標準的な作業手順であった。カリフォルニアでもハワイでも毒ガスは遠洋投棄されてきたことが知られている。だが、沖縄の、しかも近海では許されるべきことではない。これらの有毒物質が現在もその危険性を有するかどうかは、容器の中身や破損の状況次第である。神経ガスは海水によって不活性化するが、マスタードガスは、数十年間その毒性を保つと考えられる。例えば二〇〇四年、米空軍爆弾処理班の三名の兵士が、一九四〇年代から五〇年代ころにニュージャージー沖に海洋投棄されたマスタードガスが格納された弾薬の処理中に負傷した事例がある。

だが、沖縄に保有した一万三千トンの毒物を投棄するとなると、集まる周囲の視線を考えても、疑惑を招かずにすべての備蓄分を海に捨てることなど、米軍にも不可能だった。

ここで次に私たちを待ち受けていたのは、ペンタゴンの第二の秘密の存在であった。それは一九七一年六月に知花弾薬庫で起きた、化学兵器のもうひとつの漏出事故である。この事故で負傷した米兵がリンゼイ・ピーターソン、Ⅲ章でハンビー屋外保管区でエージェント・オレンジの移替（いたい）

を担当したあの少尉である。ピーターソンはこのとき、レッド・ハット作戦の作戦小隊長に昇進し、化学兵器の輸送準備に取りかかっていた。

ピーターソンと同僚兵たちが、ＶＸガスを収めた一トン用コンテナの洗浄・塗装中に漏出事故は起こった。

「バルブから少量のガスが容器の縁に漏れてしまいました。検知用のウサギが死に、私は筋収縮を起こしました。私たち三名は知花弾薬庫の医局に搬送され、治療に一晩かかりました」

ピーターソンによれば、この時の入院治療は彼の服務記録に記されなかったという。

「レッド・ハット作戦の機密性からして、それは『忘れられた』に違いありません」

それにしても米国防省は、本当のところ何を沖縄に保管していたのだろうか。冷戦期、フォート・デトリックでは何千という物質が試験されたが、沖縄に保管されたのがそのうちの何であったかは、明らかにされていない。はっきりしているのは、米国防省がジョンストン島の技術者に対して、レッド・ハット作戦の積荷にはサリン、マスタードガス、ＶＸが含まれていると指示したことだ。

一九九九年、毒物輸送に使用されたコンテナのあまりに遅きに失した科学者による調査で判明したのは、コンテナの四分の一以上に異なる表示が付けられ、さらに、米国防省が言及していない化学兵器ルイサイト（肺傷性の毒ガス）の痕跡が見つかったことだ。これはマスタードガスを上回る強力な兵器を企図して製造された水泡を引き起こす溶剤で、皮膚、眼、肺を攻撃する。即時的には嘔吐（おうと）を引き起こし、その後、失明や呼吸器系への恒久的障害など長期の影響を与えるものだった。

目録に上がっていないルイサイトの存在は、米国防省が知花弾薬庫に保管した化学物質について、自前の科学者たちにも明らかにしなかったことを物語る。

ピーターソン小隊長がさらなる偽装を説明している。

「沖縄に貯蔵された化学薬品の目録はすべてペンタゴンから日本政府に提供されたが、米軍は数種の試薬キットを対象から除外しており、そこにルイサイトやホスゲン（窒息剤）が含まれていた」

これらの試薬は、ガラス瓶入りの本物の薬品で、これらの物質を見分ける部隊訓練に普通に用いられていたものだった。四〇から一〇〇グラムの化学物質が入っていたそれらは、取り扱いを間違えれば大事に至る危険性のあるものだった。

ピーターソンによると、米軍は日本政府に対して調査上の瑕疵を認めたくなかった。

「試薬キットは沖縄で埋却されたか、あるいは海中投棄された。島から搬出されたことは絶対にない。私はあのとき上官に尋ねるべきだったが、疑問を持つとろくなことはないと、誰もが思っていた」

作戦には除草剤も含まれていました―フリオ・バティスタ

以上、述べてきたすべてが、レッド・ハット作戦に関する「米国防省最大級の嘘」と言うべきものだ。この作戦が、当時、米国政府によって禁止されたばかりのあの化学兵器、エージェント・オレンジ搬出の隠れ蓑の役割を果たしたのである。

手がかりは、米国防省の輸送記録に残された、驚くべき矛盾によって明らかになった。はじめて沖縄に化学兵器が輸送された朝鮮戦争の後、米軍は同種の弾薬類の積荷を、一九六三年、一九六四年、一九六五年に三回に分けて持ち込んだ。だが、米国防省が一九七一年にこの備蓄を撤収することを決定した際には、六隻の輸送船が使用されていた。(注1) 沖縄で製造された化学兵器はない。逆に、一九六九年秋には大量の海洋投棄処分を行っている。なぜ三隻もの余分な船を必要としたのか。一体何を、米軍はこの島から撤去したのだろうか。

インタビューを行った複数の退役兵によれば、米軍は、毒ガスと一緒に大量のエージェント・オレンジのドラム缶を沖縄からジョンストン島へ運んでいた。

元グリーン・ベレーのドナルド・ウィルソンは、二〇一二年、日本のテレビ・ドキュメンタリーのインタビューで、エージェント・オレンジだとわかる帯の描かれた何百本ものドラム缶が、レッド・ハット作戦中の船に積まれているのを見たと語っていた。

一九七二年、ジョンストン島で化学兵器の積みおろし作業を行った元兵士のフリオ・バティスタも、同様のドラム缶を見たことを覚えている。

「レッド・ハット作戦には除草剤も含まれていました。私が腰掛けていたのは五五ガロン（二〇八リットル）入りのドラム缶でした。それぞれのドラム缶はどの溶剤なのかわかるよう中央にペイントされていました」と、バティスタは話した。

バティスタたち数十名の兵士は、ジョンストン島での作業時の毒物への被曝で発病したと考えている。

（注1）Office of the Program Manager for Chemical Munitions, "Chemical Weapons Movement: History Compilation", By William R. Brankowitz, Aberdeen Proving Ground, April 1987.

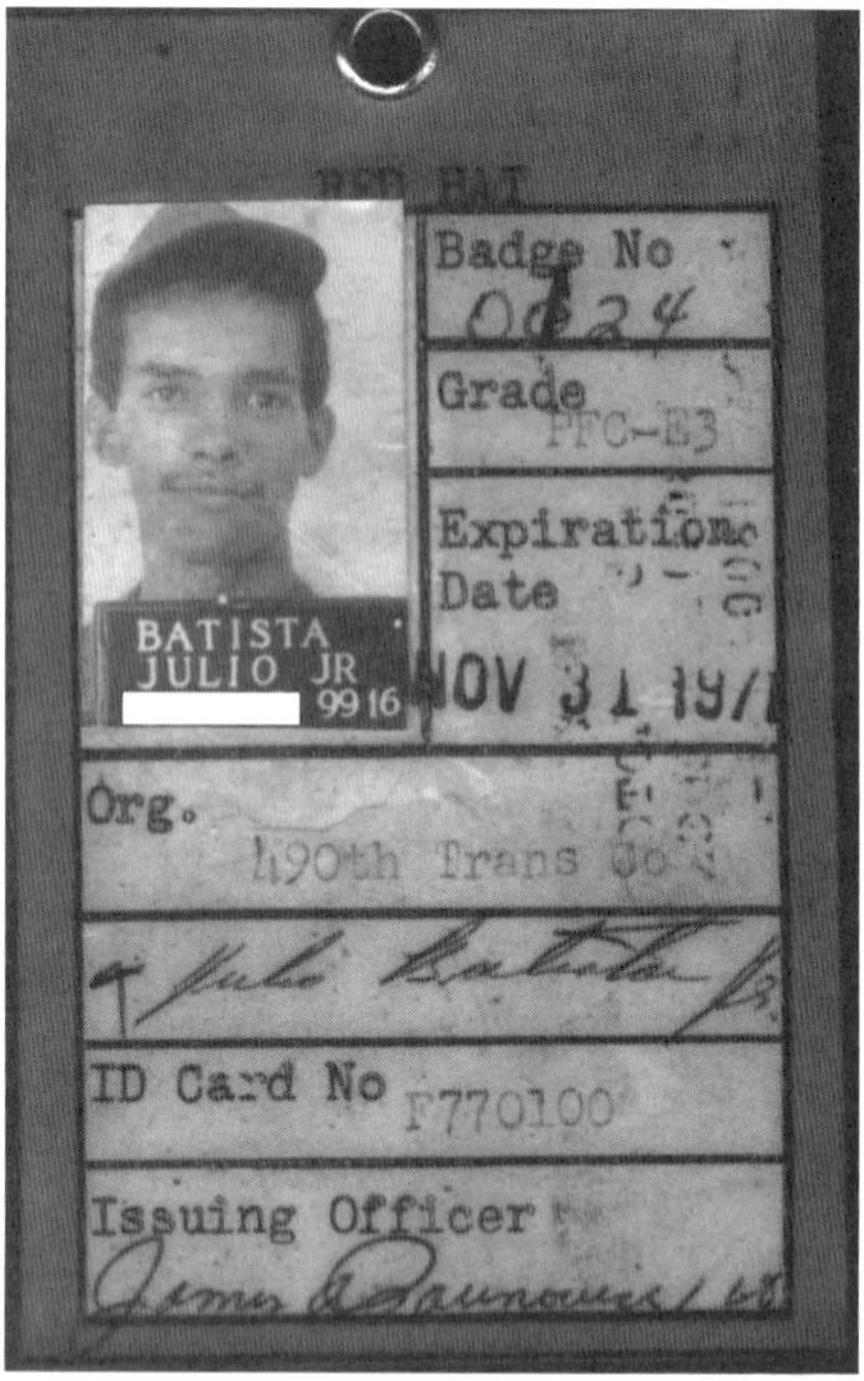

レッド・ハット作戦時に発行されたフリオ・バティスタの身分証

一八点の消えた報告書

レッド・ハット作戦時のエージェント・オレンジに関わる実証的な証拠は、意外なところから出て来た。退役軍人省である。二〇〇九年一一月退役軍人省モンタナ地区で、代議員のひとりが書いた文書に、ほとんどありえないと思われる真実への手がかりが顔を覗かせた。

「レッド・ハット作戦に関する記録によれば、除草剤は沖縄に貯蔵され、後に、一九六九年八月から一九七二年三月までの間に処理された」

この文書は、ウィルソンやバティスタら退役兵の話を裏付ける。文書の存在が明るみになると、ジョー・シパラと私は退役軍人省に連絡を取り、記録を開示するよう請求した。しかし拒否されたので、次に米国防省に開示請求を求めたが、それもまた厚い壁に阻まれた。

そこで私たちは、アメリカ民主主義の素晴らしいツール、「連邦情報自由法」(Freedom of Information Act　米国版の情報公開法)を使うことにした。一九六六年に成立したこの法律は、地位や国籍に関係なく、すべての人が米国政府の情報開示を請求する権利を認めている。FOIAに基づいて入手した記録は、ジョン・レノンを盗聴していたFBI、二〇〇九年金融危機の際に政府が秘密裡に行った金融機関への融資、平和主義の抗議活動家に対する米国政府の調査などに光を当ててきた。FOIAは、政府の透明性こそが強固な民主主義の核心であるとの信念に支えられたものなのだ。

時を待たずしてシパラと私は、退役軍人省モンタナ地区の文書の典拠となった記録を取得した。その出所は、米軍統合参謀本部長リチャード・マイヤーズからレイン・エヴァンズ下院議員に宛てた書簡だった。エヴァンズ議員は沖縄における枯葉剤の調査を行っていた。そして統合参謀本部長の書簡に添付されていたのが「エージェント・オレンジ、レッド・ハット作戦文書」と題された文書リストだった。一九六九年八月、つまり知花弾薬庫漏出事件の翌月から、一九七二年三月までの一八点の文書は、「除草剤オレンジの処分」「化学兵器と溶剤の沖縄からの移出」など、いかにも犯罪を匂わせるという風情のタイトルが並んでいた。

情報公開局の職員との対話で、シパラは、沖縄におけるエージェント・ブルー、パープル、ホワイト、ピンクの存在についての参考文書も含まれていることを教えてもらった。この会話が交わされたのが週末の金曜日、次の月曜日には、職員からシパラに文書を送付するため連絡が来る手はずになっていた。

シパラも私も、その週末はほとんど眠れなかった。クリスマス前の子供みたいにノンストップでチャットを交わした。私たちは苦心惨憺（さんたん）の果てに、ようやく達成の瞬間を迎えるのだ、米国防省も認めざるを得ない決定的証拠を掴むのだ、と確信した。

だが月曜日に、職員からの電話は鳴らなかった。シパラから情報公開局に問い合わせたが、彼の電話は受け付けられず、メッセージも残すことはできなかった。彼が何度もかけ直すと、一週間後になってやっと、文書は紛失していたとの連絡を受けた。また、文書に枯れ葉剤についての言及があるという当初の判断は誤りだったと言われたのである。

それからシパラも私も、その他の調査メンバーも、エージェント・オレンジとレッド・ハット作戦を結びつける一八点の文書への手がかりを求め続けている。だが、違憲というべきギリギリの境目に立ちはだかる障壁のような秘密主義によって、私は拒まれたのだ。リストに掲載された一八点のファイルのうち、六点のみが後に機密解除されたが、そのうち二点は、当初のリストに記載されていた年月日と適合しなかった。さして驚きもしないが、解除された文書に、沖縄におけるエージェント・オレンジについての新情報は含まれていなかった。

Agent Orange / Operation Red Hat Documents*

Document Number	Date	Title
1837/231	18-Aug-69	Overseas Storage of Chemical Agents / Munitions
1837/232-1	13-Sep-69	Chemical Weapons on Okinawa
1837/232-2	28-Oct-69	Chemical Weapons on Okinawa
1837/232-5	17-Jun-70	Relocation of Chemical Weapons & Agents from Okinawa
1837/232-10	10-Aug-70	Chemical Weapons on Okinawa
1837/234	30-Oct-69	Restriction of use of Defoliants and Herbicides
1837/ 243	20-Jan-70	Relocation of Chemical Munitions from Okinawa - Operation RED HAT
1837/248	27-Mar-70	Removal of Chemical Munitions from Okinawa
1837/251	16-Apr-70	Use of Herbicide /ORANGE/
1837/255	19-Jun-70	Relocation of Chemical Munitions from Okinawa - Operation RED HAT
1837/256	2-Jul-70	Planning for Transfer of RED HAT Munitions to Johnson Island
1837/256-4	25-Jan-71	Compatibility of Munitions Storage Readiness Program (RED HAT)
1837/260	18-Dec-70	RED HAT Storage Requirements on Johnson Island
1837/260-1	7-Apr-71	Relocation of Chemical Munitions from Okinawa to Johnson Island
1837/261-1	2-Feb-72	Storage of Herbicide "Orange"
1837/261-2	6-Jun-72	Disposition of Herbicide "Orange"
1837/263	21-Jan-71	Operation RED HAT
1873/270-1	16-Mar-72	Disposal of Herbicide "Orange"

* Please note these documents are the legal property of the National Archives & Records Administration (NARA). As such, the Joint Staff no longer is the custodian of these records. To obtain copies of these documents, please contact NARA with the document number, date authored, and document title. Additionally, while most of these documents have been declassified, some still retain their original classification as they deal with chemical weapons.

「エージェント・オレンジ、レッド・ハット作戦文書」と題された18点の文書リスト

（※注記として、これらは米国立公文書館に所蔵されており、米軍統合参謀本部の管轄下にないこと、化学兵器に関する文書のため機密解除されていない場合もあることが説明されている。）

米国防省のＰＲスタント演技、裏目に

レッド・ハット作戦で、沖縄から軍用除草剤を運んだという事実に疑いをもつ人びとを納得させる最終的な証拠は、那覇の沖縄県公文書館に存在した。

一九七一年五月の日付が付された数枚の写真が、キャンプ・キンザーで撮影されていた。それは毒ガス撤去の安全性を住民に納得させるための米軍主催の公開演習の様子だった。メディア、地元警察も集めた聴衆の面前で、米兵たちが防護服を身につけて、毒物が漏出したとの想定で除染作業を行った。(注1)

米国防省が一般の人びとから信頼を掠め取ろうと計画した「演技」は、当時、それなりに効果があったようだが、四〇年後の今になって、この出し物は裏目に出た。実演を撮影した写真の背景には、ありありと、帯の描かれた千本ものドラム缶が大規模に列を成していた。残念ながらモノクロの写真では、そのドラム缶の中身がエージェント・オレンジ、ブルー、ホワイト、ピンクのいずれであるかは判別できないが、五段に水平に積まれたそれらは、まさしく退役兵たちの説明と一致している。除草剤のドラム缶は、他の化学兵器と一緒にジョンストン島に移送するまで一時的にキャンプ・キンザーに保管されていたと思われる。

米当局はこの写真についてもやはりコメントしていない。ジョー・シパラ、スコット・パートンの写真のときと同様だ。シパラにはその理由がわかる。

枯れ葉剤と思われるたくさんのドラム缶を前に開かれた毒ガス撤去の安全性説明会（1971年キャンプ・キンザー、沖縄県公文書館所蔵）

「コメントなどすれば議論がはじまってしまう。そうしたくないのだ。『嘘の壁』の内側に隠しておきたい。ただそれだけだ」

（注1）当時の報道でも次のように確認できる。「解毒作業の公開演習行う　こんなことでは住民やはり不安　『子供のままごとだ』の批判も」『琉球新報』一九七一年五月一二日八面。

沖縄のエージェント・オレンジ「二万五千本」

キャンプ・キンザーの写真、証拠文書、退役兵の証言、それらはレッド・ハット作戦のなかで、エージェント・オレンジが大規模に沖縄から撤去されたことを示している。にもかかわらず、大量のエージェント・オレンジ備蓄は、一九七一年が最後ではなかった。一九七二年、米軍はエージェント・オレンジを再び沖縄に持ち込んだのである。それも大規模に。正確に言えば二万五千本であった。

　理由は、古くなった備給品処分は、沖縄を経由して多くは米本国へと返送されるという、ごく標準的な運用手順に則(のっと)ったためだ。この二万五千本は、米国政府がエージェント・オレンジの使用停止を発表したため、使えなくなってしまった南ヴェトナムの備蓄分だった。フォート・デトリック報告書で見たとおり、米国防省はこの余剰品から利益を得ようと緊急に検討したが、いずれも失敗に終わった。そこで損失を減らす手段を選択した。すでに放射能や化学兵器で汚染されている場所、すなわちジョンストン島に、エージェント・オレンジを移送すると決定した。

　ただ、トラック、戦車、不発弾を取り扱うのと同じように、二万五千本は経過措置のため、まず沖縄に運ばれたのである。

　目を疑うような記録が、化学兵器の破壊処理を担当する軍の部局、米陸軍化学物質庁（ＣＭＡ）の資金で実施された「ジョンストン環礁の生態アセスメント」（以下ＣＭＡ報告書と呼ぶ）と題した二〇〇三年の報告書から発見された(注1)。

　報告書はこのように書いている。

「一九七二年、米空軍は、元はヴェトナムにあって、沖縄で保管していた約二万五千本の五五ガロン（二〇八リットル）入りドラム缶の化学物質、除草剤オレンジ（ＨＯ）をジョンストン島に運んだ」

二万五千本とは、気が遠くなるような量だ。オリンピック競技用のプール二つを余裕でいっぱいにするほどの、五二〇〇万リットルの猛毒エージェント・オレンジ。さらに凄まじいのは、その二万五千本のドラム缶の状態だ。米国政府文書によれば、三分の一以上に相当する八九九〇本はジョンストン島に到着した時点ですでに漏出していたというのである。そのうち四千本以上が修復不可能なほど痛んでいた。ドラム缶の中に残っていた、つまり土壌へ浸透しないで取り扱いの作業員が浴びていない分ということになるが、それらは、新しい容器に移しかえたという。

報告書は到着前、つまり沖縄での一時保管中に、どれほどのドラム缶が漏出していたのかには言及していない。八九九〇本のうちごくわずかであったとしても、この猛毒が人体と環境に与えた影響は計り知れない。

その当時、これらのドラム缶の沖縄における保管をめぐる機密は常軌を逸していた。一九七二年、CMA報告書が指摘する日付は、沖縄が日本の施政権下に返還された年である。米国政府がこのような漏出を認めてしまえば、その外交的結末は、墓穴を掘るに等しいものだった。なぜなら米国政府は当時すでに日本政府に圧力をかけて、核兵器の安全な撤去という建前で六億五千万ドルを秘密裡に支払わせていたのである。エージェント・オレンジ漏出が発覚していれば、この取引は台なしになっていたかも知れない。

こうして、四〇年後にこの二万五千本のドラム缶がついに報道記事になった。沖縄の新聞はもちろん一面トップで採り上げた。驚くべきことに、このときは日本本土の日刊紙もこのニュースを報道した。ところが米国政府の反応は、これまでどおり予想されたものだった。米国政府は「沖縄の

An Ecological Assessment of Johnston Atoll

In 1971, the US Army began using 41 acres of Johnston Island for chemical weapons storage in bunkers in an area known as the Red Hat Area. These weapons included nerve and blister agents contained in rockets, artillery shells, bombs, mines and ton containers. In 1972, the US Air

Chemical munitions were stored in bunkers in the Red Hat Area.

Force brought about 25,000 55-gallon drums of the chemical, Herbicide Orange (HO) to Johnston Island that originated from Vietnam and was stored on Okinawa. During redrumming operations on Johnston Island an estimated 250,000 pounds accidentally leaked onto the soil of the former storage site on the northwest corner of Johnston Island. This stock of HO was incinerated at sea in 1977 aboard the Dutch ship, Vulcanus.

「ジョンストン環礁の生態アセスメント」（ＣＭＡ報告書）の表紙と該当部分

オレンジ除草剤に言及した報告書の記載は正確ではなく、米軍と米国政府の認識している事実を反映したものではない」とコメントしたものの、不正確という主張の根拠は示されないままだった。

ＣＭＡ報告書は、嘘のオンパレードが続く米国防省の、滅多に見ることができない失態だった。この件が明るみに出ると、米国政府は不都合な事実として隠そうとした。ラリー・カールソンの医療補償を、「間違いでした」と言って打ち切ったように、シパラに開示しようとしたエージェント・ブルー、パープル、ホワイト、ピンクの文書を撤回したときのように、この最新の真実のカケラも、「間違い」という言い訳で「回収作業」を試みたというわけだ。

（注1）U.S. Army Chemical Materials Activity, "An Ecological Assessment of Johnston Atoll," JACADS Publications, 1 December 2003, (September 2014, Available at <http://www.cma.army.mil/fndocumentviewer.aspx?docid=003673775>).

証拠を洋上で燃やす

さて、一九七二年に沖縄からジョンストン島に移送された二万五千本はその後どうなったのか。最初の五年間は、屋外に野積みされ、海風、塩分を含んだ雨や北太平洋のハリケーンにさらされていた。その間に世界は大きく変わっていた。北ヴェトナムが戦争に勝利した。合州国は大統領が三人交替した。日本はオイルショックに見舞われた。ところが何も変わらなかったのが米軍だった。

嘘のような話だが、彼らは性懲りもなくジョンストン島のエージェント・オレンジで資金を稼ごうとしていた。

一九七六年の終わりごろには、木炭のフィルターを使って除草剤からある程度のダイオキシンを除染すれば残る液体は再販可能と考えていた。だが汚染されるフィルターのほうを安全に処理する方法がないことが判明して、やっと、この計画もお蔵入りになった。

最終的に一九七七年、ドラム缶の腐食が凄まじい状態になったころになってやっと、軍は匙(さじ)を投げた。米国防省はオランダ船籍のゴミ焼却船SSヴァルカヌス号をチャーターしてジョンストン島に曳航(えいこう)した。このとき作業員は防護服を着用していた。エージェント・オレンジを取り扱ってきたそれまでの人びとには決して支給されなかったものだ。

焼却処分の準備が整った一九七七年九月三日、米軍は最後のエージェント・オレンジの備蓄を洋上で焼却した。

米国環境保護庁(EPA)は、焼却は非常に厳しい安全基準の下に実施されたと主張した。しかし、充分に焼却しきれないダイオキシンの煙は上空の大気圏に届き、地球を周回し、雨となって地面に注ぎ、最終的な生態濃縮は、北極圏の人びとにまで及ぶだろうというのが、批判的な立場からの見解である。

二万五千本のドラム缶の焼却で、米国防省は、人類に対して犯した犯罪の物理的証拠はすべて抹消したと考えただろう。しかしこれほどの規模の不正義は、そう簡単に終わりにはならない。波及する影響、そして犠牲者の数は拡大し続けた。

第Ⅶ章

普天間飛行場——汚された沖縄の未来

二〇一二年、春

一九七七年、米国防省はエージェント・オレンジを洋上焼却処分した。ここまでの記述で、ヴェトナム戦争の化学兵器作戦の巻は終了とばかりに幕引きを図ることができる、そのような期待があっただろう。だが、エージェント・オレンジという負の遺産はその命脈を保っていた。

米国が焼却したのは、ミシシッピと南ヴェトナムの、二カ所に集められた分だけだ。タイ、韓国などに散在していた米軍保有の枯れ葉剤は、推計でドラム缶一万本はゆうに超えると考えられ、それらの処分には、何らの施策も講じられなかった。それどころか、一九八〇年代半ばまで除草目的で使用され続けていたのである。

さらにいえば、人体への影響ははじまりに過ぎず、この猛毒物質は被曝者の子供にまで被害を及ぼしている。戦争が終わったというのに、第二世代の苦闘ははじまったばかりだ。私は生き証人である若い犠牲者たちに、ヴェトナム中の支援施設で出会った。沖縄で毒の被害を受けた退役兵の子供たちも同様である。

私の調査記事が報道されるにつれて、手がかりを持っている人からの連絡が恒常的に入るようになった。毎日のように受ける数十件もの電子メールや電話のなかには、目撃談や自ら撒いたという元兵士、亡くなった兵士の死因が、エージェント・オレンジによるものと考える妻や子供たちからのものもあった。沖縄のエージェント・オレンジの影響はまだ終わっていないことを実感させられた。

退役兵のための調査に着手した当初、この犯罪を話題にすると、いつもちょっとした口論になった。だがいまや、多くの人は声を挙げることへの恐れを払拭し、一方で私はといえば、情報に埋もれかけている。退役兵の証言から任務に当たった場所が確認できると、私はそれに基づいて沖縄の地図に印を付けていった（一九八～一九九ページは、沖縄・生物多様性市民ネットワークが図にしたものである）。私はジョンストン島やフォート・デトリックの報告など、明らかになってきた証拠文書をこうした人びとに情報提供した。そして体験談を共有し、退役軍人省の文書主義と渡り合うためのアドヴァイスなどを得られるように、ジョー・シパラのSNSサイトを紹介した。

現在までに入手した相当量のデータのおかげで、私は時にこの悲劇に対して鈍感になることがあった。そんな二〇一二年の春、電子メールの受信ボックスに見つけたひとつのメッセージによって、新しい勝負の掛け金が、身震いするようにつり上がった。

メールはこんな内容だった。

「私はあなたが必要としている決定的証拠を持っています。沖縄にいたときに撮った鮮明なカラー写真です。数枚のうちのひとつは、何かおかしいとの直感があって撮ったものです。現在、この退役兵士たちの身に起こっていることは間違っています。さらに言うなら、あなたが考えている以上に危険にさらされている人が大勢います」

メールの送り主はクリス・ロバーツ、五七歳の退役中佐である。私がこれまでインタビューして

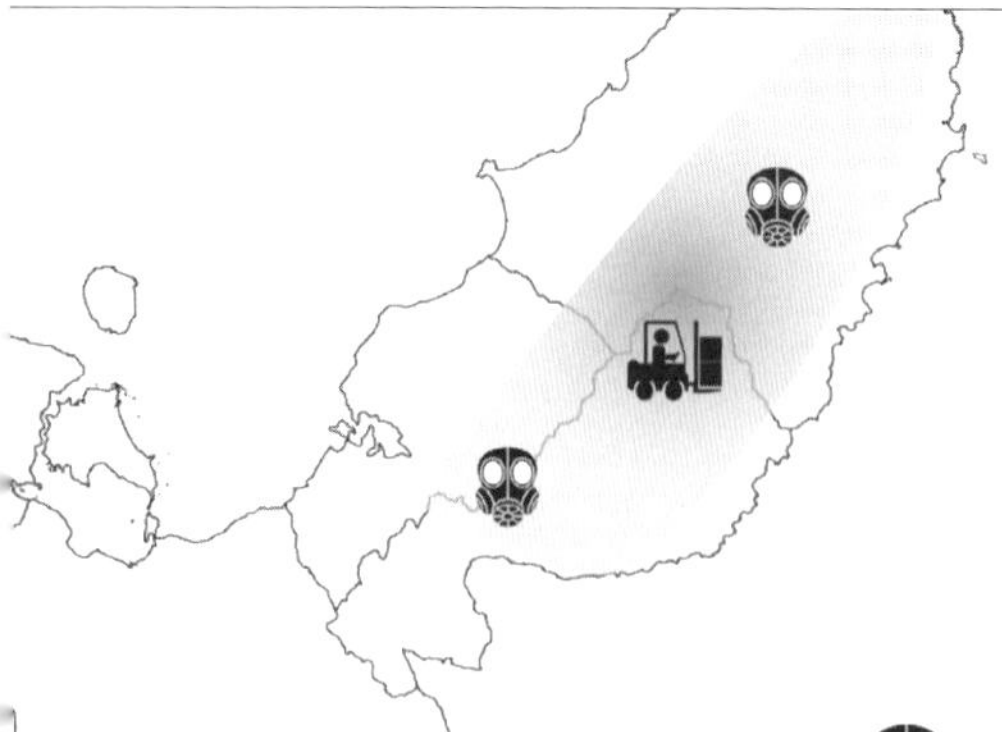

5．散布

那覇軍港
牧港住宅地
牧港補給地区
泡瀬通信基地
天願桟橋
キャンプ桑江
キャンプフォスター（瑞慶覧）
フォスター内の将校クラブ
フォスター内のクバサキハイスクール
嘉手納基地および普天間飛行場の滑走路
読谷ドッグスクール
ホワイトビーチ
キャンプハンセン
キャンプシュワブ
伊江島

6．民間人

1）基地の民間労働者
・キャンプフォスター（瑞慶覧）で枯葉剤散布
・牧港補給地区で枯葉剤積荷、散布
・港湾労働者の荷下ろし

2）農家（枯葉剤と物々交換）

であり、これ以外も基地周辺での使用の可能性は充分あり引き続き証言を集めている。
ムス、ジャパンフォーカスの記事。沖縄タイムス、琉球新報、退役兵インタビューなどにより作成。

（沖縄・生物多様性市民ネットワーク提供）

2014年 作成

枯れ葉剤被害の可能性がある地域

1．輸送

那覇軍港
ホワイトビーチ
天願桟橋
輸送先は嘉手納基地、普天間飛行場

2．貯蔵

・主な貯蔵地
那覇軍港
牧港補給地区
キャンプフォスター
普天間飛行場
嘉手納基地および弾薬庫
キャンプハンセン
北部訓練場

・その他
泡瀬通信施設
キャンプシュワブおよび弾薬庫

3．試験散布

北部訓練場とその周辺

4．廃棄埋没

ハンビー飛行場（北谷）
普天間飛行場
嘉手納基地
キャンプシュワブ

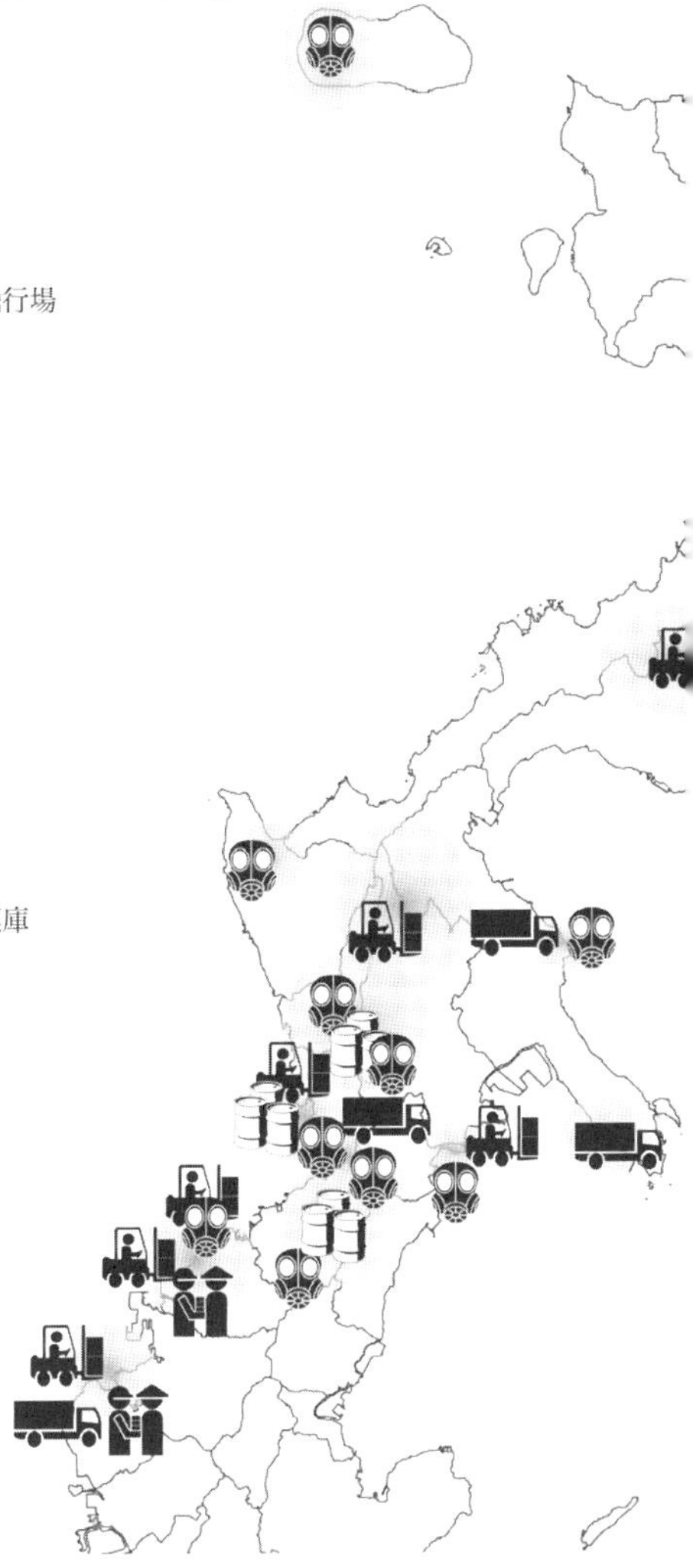

【注意】データは、以下の資料を参照

【資料】ジョン・ミッチェル氏のジャ

1980年代、軍服に身を包んだクリス・ロバーツ

きた退役兵の多くは、新兵として沖縄に駐留した者たちだった。彼らと比べても、非常に高い階級の退役兵からの証言である。もうひとつ目を引いたのは、ニューハンプシャー州の現職州議員というロバーツの社会的地位だった。

　だが、なにより瞠目したのは、彼の駐留した基地が、海兵隊普天間飛行場だったということだ。

世界で最も危険な基地

　たいていの外国人は、沖縄にある米軍基地の名前をひとつしか言えないだろう。日本本土の日本人でも簡単なことではない。島に三七カ所ある米軍の駐留施設のうち、片手で数える程度を知っているのが関の山ではないか。その、誰もが知っている基地こそ、普天間飛行場である。米・日・沖関係の間に何十年も刺さった棘であり、この島が背負う軍事的な負担を代表するものとして国際的に知られている。

この基地は第二次大戦の末、宜野湾、喜友納(きゆな)、伊佐の戦火で引き裂かれた村々に、米軍が滑走路を建設したことに端を発する。一九五二年のサンフランシスコ条約発効の後、米軍は農家を追い立てて土地を奪い、恒久的な基地を建設した。米海軍が着手し、一九五七年に米海兵隊に引き渡されて、今日に至っている。

ヴェトナム戦争中、普天間飛行場の役割は、八キロ先にあって苛烈な二四時間操業の嘉手納空軍基地の影に隠れていた。しかし一九七〇年代、八〇年代にこれが変化し、普天間飛行場は激しい離発着を繰り返す空港と化し、近隣に住む人びとの怒りをかった。なかでも宜野湾市は、その土地面積の四分の一を基地にとられていた。

地域住民の怒りを理解するため、実際に宜野湾市に行ってみることは大切だ。最初は、日本のどこにでもある中規模の何でもない都市との印象を受けるだろう。だが、そのようなイメージも、軍用機がうなりを上げて飛ぶまでのことだ。市街地に隣接する普天間飛行場では、ありとあらゆる種類の航空機が離着陸を行っている。ジェット戦闘機、プロペラ駆動の輸送機、ヘリコプター、そして悪名高いオスプレイ。手が届くのではないかという低空で轟音を響かせる。窓も神経もがたがたと震え、会話はできなくなり、まして物思いにふけることなど到底無理だろう。

要するに、普天間飛行場とは、激しく離発着を繰り返す「国際空港」が宜野湾市の中心に陣取ったものなのである。この飛行場と、例えば東京の羽田との違いは歴然である。使用する航空機が弾薬類、すなわちロケット、クラスター爆弾、ナパーム弾を搭載しているのだから。米国防省でさえ、普天間飛行場の危険性について認識している。二〇〇三年、国防長官ドナルド・ラムズフェルドはこう呼んだ。「世界で最も危険な軍事基地」だと。

しかし、二〇一二年春にクリス・ロバーツから受け取った電子メールによれば、普天間飛行場の危険性は上空ではなく、地中に存在した。ロバーツの証言を紹介する前に、ここではまずカルロス・ガライに登場してもらう。

一九七五年、普天間―カルロス・ガライ

私がインタビューを行った何人もの退役兵が、普天間飛行場におけるエージェント・オレンジの存在について語った。一九六〇年代那覇港から荷台に枯れ葉剤を積んでトラックでこの飛行場に運んだという証言が複数ある。それによるとこの基地では、ドラム缶でおよそ一〇〇本という大量の備蓄を抱えていた。沖縄の雇用員が米兵と組んで提供区域内、特に滑走路付近に雑草が生えてこないように、噴霧作業を行っていたのも目撃されている。

私と連絡をとってくれた元兵士のカルロス・ガライもそのうちの一人だ。彼は元海兵隊の兵長で、普天間飛行場の補給班で一九七四年から七六年に任務に就いていた。駐留期間中に提供区域内で、ガライは数多くのエージェント・オレンジのドラム缶を目撃している。それらは基地内に分散していて、状態も良くなかった。ある日、状況を見かねて上官が動いた。

「私たちはドラム缶を一カ所にまとめるよう指示されました。このときは先輩兵を信用していた

のです。『植物じゃないんだから、おまえは死なないよ』って言われました。それでドラム缶運搬専用のアタッチメントが付いたフォークリフトが来るのを待たずに作業に入った。その結果、移動作業の途中で、ドラム缶から飛沫を浴びてしまいました。エージェント・オレンジが私の腕、脚、ブーツにかかったのです」

ガライの話から、一九七〇年代半ばになっても米軍基地の司令官たちが、若い兵士に向けて、この化学物質の健康に与える危険性を伝達していない様子がうかがえるだろう。

これに引き続くエピソードは、こうした不注意が米軍命令系統の最上位にまで拡大していたことを伝えている。ガライによれば、ドラム缶を普天間飛行場の一カ所に集めた後、まず彼は国防省への処分要求書をタイプし、送達した。だが回答はなかった。次に、彼は海兵隊司令部に報告書を送った。これにも回答はなかった。ガライは何度も要望を送っているが、ドラム缶の処理についての指導はまったくなかった。ガライが一九七六年に普天間基地を去るとき、エージェント・オレンジの備蓄は依然として普天間基地に存在していた。

ガライの証言した時期は、繰り返し強調しておく必要がある。一九七六年、これは沖縄に備蓄されていたエージェント・オレンジの大部分が撤去されたと考えられるレッド・ハット作戦（一九七一年）、ジョンストン島への移送（一九七二年）よりも後のことである。つまり、一九七〇年代半ばになってもなお、隠し持っていたことを示している。当局がガライの処分要請に回答できなかったのには、複数の理由が絡み合っているだろう。

第一に、ドラム缶は沖縄に公的には存在しないはずのものであり、いかなる回答も暗黙の指示によるべきものだったであろうことは、今だから理解できることだ。第二に、備蓄分の大半は四年以上も前に撤去されていなければならなかった。普天間飛行場のドラム缶は見逃されたもので、すでに米国防省には、ジョンストン島へ移送する適切な手順がなかった。

ガライとのやり取りを通じて、私は備蓄のその後の行方に関する持論を組み立ててみた。念頭にあったのは、エージェント・オレンジを処分する一般的な方法は埋却だったというスミスの主張と、一九七一年陸軍の訓練マニュアル、Ⅲ章でも引用した「〈オレンジ〉の余りは深い穴に埋却しなければならない」だった。

果たして、普天間飛行場の蓄え分もやはり同じ運命をたどったのだろうか――。クリス・ロバーツからのメールを受け取ってようやく、私にはそれが明らかになった。

一九八一年、普天間―クリス・ロバーツ

私に宛てた最初のメールで、クリス・ロバーツは証拠を持っていると書いていた。決定的証拠。エージェント・オレンジが沖縄に存在したことを証明するものだという。彼はまた、これまでの私の調査は氷山の一角に過ぎないと警告もしていた。私が考えている以上に、多くの人が危険にさらされているとは、どういう意味なのだろうか。

その後数カ月間、ロバーツとメールのやり取りをした今となっては、私は彼の表現が大袈裟では

なかったことがよく判る。

一九八〇年代初頭、ロバーツは普天間飛行場の施設管理部門の長を務めていた。提供区域内の工事責任者であったので、上官から修繕の要望があれば、すべて彼のところに依頼が送られた。

1981 年普天間飛行場の地中から見つかった 100 本以上のドラム缶（クリス・ロバーツ氏提供）

一九八一年のある日、上官から問題の発生を告げられた。施設から民間地域に流れ出す雨排水が、高い値の化学物質を検知したというのである。ロバーツはこれに対処するよう命令を受けた。

問題の一帯は普天間飛行場の滑走路の端だった。ロバーツは排水系統を調べ、水流を堰き止めることにした。米軍の作業班に沖縄の雇用員も加わって作業を開始して程なく、その場所を掘削したのは自分たちがはじめてではないことが判明した。

「私たちは一〇〇本以上のドラム缶が埋まっているのを発見しました。錆びついて漏出もあり、いくつかはその中央にオレンジ色の目印がぐるっと付いていました」と、ロバーツは私に語った。

ロバーツは、ガライが黙殺されたというあの残された備蓄を発掘してしまった可能性がある。米軍は、一九八〇年代までには、有害廃棄物の安全処理手順を導入済みであった。それによると、ドラム缶は撤去し、安全に保管して内容物を特定し、その後、確定している米国防省ガイドラインに則って適切に処分されなければならなかった。だが、普天間飛行場のエージェント・オレンジに関して、ロバーツの上官たちはここぞとばかりに自前の標準的プロトコル（手順）を実行したのである。

「彼らは作業現場から兵士を立ち入り禁止にしました。そうして、沖縄の労働者の手でこっそりトラックに積み、基地外の知らないところへ運び出したのです」

この恐ろしく常軌を逸した反応に驚いたロバーツは、執務室に戻り、ポラロイドカメラを掴んでドラム缶のいくつかを写真に収めた。これらのうちの一枚は、若い海兵隊員が深い穴からドラム缶を掘り出している姿を捉えている。だれひとり防護用の装備など身につけておらず、シャツを着けていない者すらいた。

ロバーツは、この作業に巻き込まれた沖縄の労働者に申し訳ないと語った。

「当時、彼らはどんな場所でもどんな仕事でも拒否することはできなかった、そんなことをすればクビになったのです」

彼の言葉で、私は知花弾薬庫に勤めた稲隆博から聞いた、ヴェトナム戦争中の沖縄の軍雇用員が強いられた危険な作業の話を思い出した。

ロバーツの説明によれば、ドラム缶の撤去の後、強烈な台風が島を襲った。掘削した穴に雨水が溜まり、普天間飛行場の滑走路に溢れそうになった。水を抜くため、ロバーツは穴に降りるしかなかった。水は、ドラム缶から漏出した化学物質の厚い膜で覆われていた。

私は、現場の上官だった彼が、なぜ自分で穴に降りたのかと尋ねてみた。普段は悪しざまに言われる海兵隊だが、このときの彼の答えには、すべての善きものが集約されていた。

「私は自分が嫌だと思うことを自分の部下に命令したことはありません」

ロバーツは水に浸かったまま何時間も作業をして、ようやく雨水配管の蓋をゆるめ、溢れた水を逃がすことができた。

間もなくロバーツに、曝露の影響が現れる。かつては金メダル級のマラソン・ランナーだった彼は、心臓疾患を発症、続いて前立腺がん、肺がんの前駆細胞を発症した。担当医師は、これらの症状はエージェント・オレンジによるものだと指摘した。

州議員という立場も効き目はなく、退役軍人省と米国防省はロバーツの補償申請を繰り返し却下している。また仲間の海兵隊員、沖縄の基地労働者も、同様に汚染された可能性があるため、調査や注意喚起を要請したが、これも黙殺されている。自国の政府からの黙殺という仕打ち、それはロバーツのみならず私がインタビューを行った退役兵たちがみな味わった辛酸をなめるような体験だ。

ロバーツの証言をまとめた私の記事は、『ジャパン・タイムズ』紙と沖縄県内二紙で一面トップ記事として掲載された。国際的に知られている普天間飛行場の証言として、テレビニュース『ロシア・トゥデイ』その他の外国ニュース媒体でも報道された。いつもどおり、日本の本土メディアはこの問題を無視した。

ただし、あとひとつ、ロバーツの証言を報道したメディアがあった。米国防省の発行する新聞『スターズ・アンド・ストライプス』である。

「エージェント・オレンジ、在日米飛行場で秘密裡に埋却　退役兵の証言」と題されたその記事は、ロバーツの証言を詳しく伝えていた。さらにこの記事は『スターズ・アンド・ストライプス』のWEBサイト上で「注目の記事」リストにランクインした。在沖米軍に勤める多くの人びとに読まれているこの新聞の記事へのアクセス数の多さは、汚染されたところで働いている人たちの不安を物語る。

たくさんの人が読むにつれてこの記事は、その日最も読まれた記事となった。そして記事が発表されてから数時間後、突如として削除された。最初は新聞のWEBサイトから、後にはすべての痕跡が『スターズ・アンド・ストライプス』のサーヴァから削除された。

明らかに米国防省内部の何者かが、この種の暴露記事を好ましく思わなかったということだろう。特に、世界で一番問題のある基地についてとなれば……。

開かずの箱、普天間飛行場

沖縄の基地をめぐって米国防省は、機密を高度に保つよう努めている。カルロス・ガライやクリス・ロバーツが私たちに垣間見せてくれたこと自体が、そもそも前代未聞だったのである。普天間飛行場におけるエージェント・オレンジの埋却は、このふたりの男の声を挙げる勇気によって明るみに出すことができた。ふたりが深刻な病に冒されながら、今日まで生き長らえた幸運にも助けられている。有毒物質を取り扱ったために同じような境遇にあった人たちはかなりの確率で、曝露の影響のため病に倒れているのだ。

ガライやロバーツのような直接の証言と併せて、一九七三年日米合同委員会の交わした、「県や市町村が米軍現地司令官に対して［米軍施設・区域の汚染の］調査を要請することができる。調査の結果は可能な限り速やかに……通知されることとする」との合意(注1)についても検討に値するだろう。だが悲しいかな、この要請はいつも米軍によって却下される。Ⅴ章の冒頭で見た名護市議会によるキャンプ・シュワブの調査実施要請の拒絶はその実例と言える。

軍の管理下にあるうちは、現状の汚染の程度を知ることはできない。スコップと試験管を持って提供区域に潜入すれば別だが……。

そのような逮捕の危険を冒すことなく、有刺鉄線の向こう側を調査する方法はないのか。そう考えて、私は普天間飛行場の汚染を知るための「窓」を提供している場所に思い至った。歴史的にも、そしてエージェント・オレンジ備蓄の規模という意味でも、宜野湾の提供区域とよく似た場所。沖縄の南東二二〇〇キロに位置するグアムである。

（注1）日米地位協定第三条に関連する一九七三年日米合同委員会合意「環境問題に関する協力について」、全文は外務省サイトで確認することができる（二〇一四年九月アクセス）〈http://www.mofa.go.jp/mofaj/area/usa/sfa/kyoutei/index_02.html〉。

グアム―汚れた銛の切っ先

沖縄は冷戦を戦う米国防省にとっての「太平洋の要石」だったが、グアムは「銛（もり）の切っ先」だった。併合されない自治領という地位は、一九四五年から一九七二年までの沖縄と似ている。現在も、住民は米国市民権を持つが、大統領選の投票権を持たないという自治権のグレーゾーンに置かれている。過去六〇年間、グアムの曖昧な位置づけをいいことに、米国防省は、他では不可能であろう軍事行動のやりたい放題で、朝鮮戦争、ヴェトナム戦争、イラク戦争の前線基地としてこの土地を利用してきた。

よく知られているところでは、一九六五年から一九七二年にかけてＵＳＡＦ（米空軍）が行ったアークライト作戦で、ヴェトナムへのＢ52爆撃機の出撃基地としてグアムが使用された。その中核を担ったのが、島の大部分を占有している広大なアンダーセン空軍基地である。

沖縄とまったく同じように、グアムにも軍用枯れ葉剤が秘密裡に保管されてきた長い歴史がある。米国防省の記録によれば、五千本のエージェント・パープルがグアムに最初に持ち込まれたのは一九五二年で、朝鮮戦争での使用が目的だった。しかし、配備前に休戦協定が結ばれた。これが二〇年におよぶグアムにおける化学物質備蓄の始まりである。一九六〇年代から七〇年代にアンダーセン空軍基地に駐留した退役兵にインタビューしたところ、軍用除草剤は定期的に噴霧され、島を経由して東南アジアへ輸送されたこともあったという。

彼らの話によれば、アンダーセン空軍基地は何百というエージェント・オレンジのドラム缶を備蓄していた。そのほかの虹色の除草剤も保有していた。グアムの兵士たちは防護装備なしにこれらの化学物質を扱っていた。そのうちの一人は「当局はエージェント・オレンジは歯を磨いても大丈夫なくらい安全だと言った」と話している。さらにその退役兵は、虹色の除草剤はアンダーセン基地や島の他の場所でも、普天間飛行場など沖縄での処分と同様に、定期的に廃棄されていたという。

沖縄の退役兵のように、彼ら兵士とその子供たちは、ダイオキシン被曝の被害に苦しんでいるが、米国政府はエージェント・オレンジに関する記録が存在しないと主張して、被曝の認定を拒んでいる。

米軍による毒物汚染の状況が、嫌になるほど相似しているグアムと沖縄だが、二つの島にははっきりとした違いがある。グアムの汚染の規模は、公表されているということだ。グアムは米国領土であるため、ＥＰＡ（米環境保護庁）の制度下に置かれている。これは市民が環境汚染の危険にさらされないよう保障する責任を負う政府機関である。一九九〇年代、ＥＰＡはグアムの基地で環境試験を実施した。結果は恐るべきものだった。

一九七〇年代に米軍がエージェント・オレンジを投棄していた場所の汚染は非常に深刻で、緊急浄化対象としてリスト化された。この小さな島中に、一〇〇以上の汚染地区が確認され、中には土壌中のダイオキシン汚染が一万九千ｐｐｍを計測した場所もあった。国際的に認められている環境安全基準が一千ｐｐｔであるから、この数字は地球上でもっとも汚染された場所のひとつであることを示すものだ。（ｐｐｍはｐｐｔの一〇〇万倍）

汚染地域があまりの規模のため、近隣の民間居住地への被害は避けられなかった。二〇〇七年の報告書で、グアム大学のルイス・シフレス教授は、「島民は事実上、あらゆる場所で虹色の除草剤の霧を浴びながら暮らしている」と警告している。グアム住民に見られる鼻咽頭（びいんとう）（上咽頭）がんと糖尿病罹患率の急激な上昇が、彼の推測に根拠を与えていると言えそうだ。

普天間飛行場の影響評価

普天間飛行場の環境調査が実施されない現状にあっては、グアムという窓を通して二つの観点から沖縄の基地に光を当てることができるだろう。土壌汚染と水の循環を経由した毒物の拡散である。

1、土壌汚染

エージェント・オレンジは埋却のずっと後になっても、土壌汚染の危険を残している可能性があるのはグアムが証明するとおりである。

現在のグアムの高いダイオキシン値を念頭におけば、クリス・ロバーツが最初に見つけた普天間飛行場の埋却場所は、今なお汚染されている可能性が高い。ロバーツが特定した一帯は、フェンスや民間住宅地に比較的近い場所、つまり近接して生活している人びとが危険にさらされているかも知れない。さらに、ロバーツの説明では、すべてのドラム缶にエージェント・オレンジを示す表示の帯が付いていたわけではなかった。つまり、様々な物質が混在していたということだ。それが何で、どんな相互作用を持つのかは不明ということは、異なる除草剤や殺虫剤が集中的に撒布されて、恐ろしい結果を引き起こしたヴェトナムの例を思い起こしておく必要がある。

掘り出された後のドラム缶が、どこに運ばれたのか、誰も知らない。普天間飛行場内の別の場所に埋却されたか、別の提供区域か、あるいは海洋投棄された可能性もある。いずれも、その付近の住民を危険にさらしている。元々の埋却場所の調査と移動先の特定、これは絶対に必要だ。

2、水の循環経路による汚染の拡大

グアム住民が非常に懸念しているのは、アンダーセン空軍基地の位置が、主要な水源地、グアム北部の帯水層の上方にあるという点だ。普天間飛行場で、上官がロバーツを呼びつけたそもそもの理由は、民間地に流れ込む排水で計測された化学物質値の上昇だったことを思い出して欲しい。同様に普天間飛行場の直下には、網状に拡がる洞穴と地下水源がある。基地のせいで総合的な調査が出来ないでいるが、これまでの地理学研究から、蜂の巣のように多孔性の琉球石灰岩のプレートの上に駐留施設が鎮座していることがわかっている。ロバーツがドラム缶の発見について口を開くよりもずっと前から、地元の人たちは、普天間飛行場の地下洞穴に米軍が廃棄物を投棄しているのではないかと懸念してきた。元軍雇用員たちがオフレコで語る話によれば、それはいつもの習慣のようになっていたという。

普天間飛行場は、隆起した台地にある。この地理条件では、ロバーツが最初にドラム缶を発見した東側から、雨水が台地を流れて基地の地下に浸透することになる。これは二重の危険を招く。まず農地の汚染の危険である。普天間飛行場の西端には農地が多く、ダイオキシンにさらされて、食物連鎖に毒物が侵入していた可能性がある。

次に、普天間飛行場の西の海岸一帯では、海の生物への被害が考えられ、その結果として海産物を食べる人間に害が及ぶ。この懸念は名護市住民ならよく判るだろう。キャンプ・シュワブから流れ出した除草剤に汚染されたと思しき貝を食べて亡くなったという人の話があった。伊江島の人びとも、一九七三年に使用された枯れ葉剤が原因で汚染された海産物について、まったく同じことを恐れていた。

とくに普天間飛行場周辺は、梅雨の時期に水があふれやすい地域である。一角にある普天間第二小学校は、埋却が発見された場所の北西に位置している。元教員の話では、運動場は台風で浸水することが多い。ロバーツは証言のなかで、ドラム缶の撤去直後に台風が来襲した記憶を語っている。

あふれた水は大量のエージェント・オレンジを含んでいた。小学生の子供たちを曝露の可能性にさらしたのならば、それだけで充分に犯罪であると言えよう。Ⅳ章でふれた、一九六八年に天願桟橋付近で海水浴をした子供たちがこうむった、悲惨な体験の過去を思い出さなければならない。

普天間飛行場周辺で暮らす住民がさらされているのは、もはや止むことのない騒音と墜落の危険性だけではない。音もなく基地からの毒に汚染されているかも知れない恐怖が加わったのだ。

このことは普天間飛行場、付近の住民、沖縄の人びとの未来に、どんな意味を持つのだろうか。

普天間の未来―汚染された夢

普天間飛行場は宜野湾市の中央に位置する。以前、伊波洋一元市長は、「宜野湾を人体に例えるならば、心臓とお腹をえぐり取られた人は生きていけません。都市として、活力を失っているということです」と語っていた。

こんなはずではなかった。普天間飛行場は一八年前に閉鎖されるはずだったのだ。一九九六年、日米両政府は普天間飛行場の閉鎖を発表した。だが一八年間、普天間飛行場は相変わらずそこにあり、両政府が沖縄をいかに侮蔑的に取り扱っているか、常に思い起こさせるものとなっている。

二〇一三年四月に発表された新しい日程では、普天間飛行場の閉鎖予定は二〇二二年以降だという。

このような先延ばしに屈することなく、沖縄では基地返還後の跡地構想が立案されている。実業界、建築家、シンクタンクなどが、現在は基地が占めている四八一ヘクタールに及ぶ第一級の不動産の再開発について、具体的に検討しているのだ。

私はそのようなフォーラムのひとつに出かけ、取材をした。そこでは歴史、自然、沖縄文化が全体として調和する新しいコミュニティが構想されていた。ピカピカのパンフレットには、広い公園の木の下で楽しげにピクニックする家族の姿が描かれている。あらゆるものに沖縄らしいあの色彩、緑の色が注がれていた。

そこに通底しているのは、何であれ普天間閉鎖跡地から停滞する沖縄経済を盛り上げるような活力を、との普遍的な願望である。現在、基地には二〇〇人の日本人が雇用されているが、再開発によって、何千人もの雇用が生まれ、島の高い失業率を緩和してくれるだろう。沖縄本島の南側半分（つまり、嘉手納空軍基地以南）を都市圏に転換するという県の計画にとって、普天間は活気ある沖縄島中部経済の拠点となるべき場所だ。端的に言うと沖縄県の将来は普天間の未来にかかっているというわけだ。

私はそのグランドデザインを聞いて、暗澹たる気分になった。沖縄の人びとは辛抱強く普天間閉鎖を待ち望んでいる。しかし、ついにその日が来ても、土地は深刻なほど汚染されていて、再利用のための環境浄化に何年もかかるだろう。伊波元市長の言葉を借りれば、そこは宜野湾市の、ひいては沖縄の心臓部、体の真ん中である。そこがガんによってどす黒く冒されているということなのだ。

不毛な荒廃地という未来、汚染された立ち入り禁止地区が、宜野湾市の中心部に存在する。地域再生の活力源となるべき基地返還の将来像は陰鬱な影が差している。

第Ⅷ章 決定的証拠の行方

夜明け前の闇

二〇一三年二月、米国防省内部にいる情報提供者から「あなたが聞きたいと思うニュースがある」との電話が入った。プロローグで紹介したように、米国政府は私が取り組んだ沖縄のエージェント・オレンジ調査について九カ月間にわたり精査していた。間もなくその回答が出るというのだ。

電話を置いた私は、まずスコッチをなみなみとグラスに注ぎ、空想に身を任せた。

——米国政府はついに真実を認めるのだ。いろいろあったけれど、やはり、バラク・オバマ大統領は二期目を迎えたところでもある。その力を発揮し、誇り高く国に尽くした退役兵たちのため、そして長年にわたって米軍基地の危険にさらされてきた沖縄の人びとのために、正しいことをする決断ができないなんて、そんなことがあるものか——。

私の希望が潰えたのは、二月一九日のことだ。米国防省と国務省の職員、退役軍人省の担当者、日本大使館の代表者が米国防省で会合をもった。そしてそこに、もう一人の人物が出席していた。政府が沖縄報告書の執筆者として選んだ人物、I章で紹介したあのアルヴィン・ヤング博士だ。

米国防省はエージェント・オレンジを否定したい時にはいつも、この元米空軍科学者を引っ張り出す。ヤング博士は長年、軍用除草剤の人体への影響との関連について矮小化する数限りない報告書を作り上げてきた。米国政府はつい最近も、彼をヴェトナムに派遣して、ダイオキシン・ホットスポットはエージェント・オレンジに起因するものではない、過度のゴミ焼却によるものだと言いくるめるべく精力的に働きかけていた。

ヤング博士のこれまでの業績は、米国防省は言うまでもなく、エージェント・オレンジ製造の主要二社から資金提供を受けている。モンサント社、そしてダウ・ケミカル社、つまり沖縄市のサッカー場の土中から掘り出されたドラム缶の製造元である。

そうした彼の過去の「全作品」に矛盾なく連なる「沖縄におけるオレンジ除草剤の主張に関する調査」と題した報告書(注1)でヤング博士は、私が執筆してきた二四本の記事をくしゃっと丸めて、払いのけてしまった。船で沖縄に輸送されたという事実については、ヤング博士は「記録がない」とした。普天間飛行場にエージェント・オレンジが埋却されたというロバーツの証言には、「記録その他の証拠がない」と却下した。そして報告書は次のように結論づけている。

「管見(かんけん)の限りで可能な記録を広く検討した結果、オレンジ除草剤に関する主張を証明するいかなる文書も発見されず、沖縄でオレンジ除草剤が輸送され、経由し、積みおろされ、使用され、埋却されたことを立証する記録も発見されなかった」

(注1) Office of the Deputy Under Secretary of Defense (I & E), "Investigations into Allegations of Herbicide Orange on Okinawa, Japan," By A. L. Young Consulting, Inc., January 2013, (September 2014, Available at <http://www.denix.osd.mil/shf/upload/Allegations-of-Herbicide-Orange-on-Okinawa-January-2013.pdf>).

ヤング博士の否定を検証する

「沖縄におけるオレンジ除草剤の主張に関する調査」は、その出だしから、やる気のないでっち上げ仕事だというのは明らかだ。わずか二九ページの報告書は、典拠の示されない情報、出典の間違い、素人のWEBサイトからの断りのないコピー&ペーストなど、間違いだらけだった。

「調査」の大部分が依存している科学的基盤も、同様に足下がぐらぐらだ。ヤング博士は何度も自分の書いた二〇〇九年の著書『エージェント・オレンジ—その歴史、使用、処分と環境動向』を参照している。その正確性が、すでに全面的に批判されている本だ。著名なダイオキシンの専門家ジーン・M・ステルマン博士も二〇一〇年の書評で、「学術的に数多くの問題がある」と酷評している。彼女は「科学者としてのヤング博士は、一九七〇年代から一九八〇年代初頭には、もう終わっていたのだろう」と結論づけた(注1)。

穴だらけの「調査」では、ヤング博士がしばしば繰り返す民生用と軍用除草剤の違いという「いちゃもん」、すなわちカエテ・ガーツの命を奪ったのと同じ「嘘」が繰り返されている。またVI章で見た一九七二年、南ヴェトナムの備蓄分二万五千本が沖縄に移送されたことはなく、一隻の船でジョンストン島に直接運ばれたと主張している。多くの退役兵、経験の長い港湾作業兵に言わせれば、問題となったドラム缶の数から考えて、それはちょっとあり得ない芸当ということになる。

「二万五千本もドラム缶を積めば、船はそのまま海の底に沈んでしまうね」と、退役兵の一人は語っている。

ヤング博士の報告書の最大の難点はその怠慢である。沖縄で環境調査は実施されなかった。エージェント・オレンジ被曝をしたと現に申し立てている何百人もの元米兵の誰一人に対しても、さらに言えばエージェント・オキナワのＳＮＳサイトを立ち上げたシパラや、ニューハンプシャー州議員のロバーツからさえ、証言を聞いてもいない。沖縄現地からの観点は情け容赦なく黙殺され、元軍作業員や地元住民のインタビューも試みていない。ヤング博士はこの職務に九カ月間を費やしたと主張するが、彼は一度として調査地である沖縄に足を運ぶことがなかった。

米国防省は日本の外交官を会合に招いた。ヤング博士が独立した専門家であると信用させて騙（だま）すつもりだったのだろう。だが、「調査」によって明らかになった唯一の真実は、米国防省の日本政府に対する軽視であり、悪意のある執筆者を選んだということは、日本を馬鹿にしている証拠なのだ。

米国防省の「調査」と、執筆者としてのヤング博士の人選は、五〇年の歴史を誇る米国防省のエージェント・オレンジ隠蔽（いんぺい）工作の一環である。虚偽と否定、目くらましの情報操作をちりばめて、枯れ葉剤作戦の危険性とその規模を隠蔽しようとしている。しかし、これほどの規模の隠蔽工作であっても、真実がこぼれ落ちるのを防ぐことはできない。真実はときに、思わぬところからその姿を現すものである。例えば、沖縄市のサッカー場の土の中から。

（注1）Jeanne M. Stellman and Steven D. Stellman, "Book Review: The History, Use, Disposition and Environmental Fate of Agent Orange by Alvin Young," *Environmental Health Perspectives*, Vol.118, No.6 (June 2010).

沖縄市の事件現場

まず本書冒頭で紹介した「事件」を思い出しておこう。二〇一三年六月の沖縄市での出来事だ。作業員がコザ運動公園サッカー競技場の修復作業を行っていた。一九八七年まで、この場所は隣接する米軍嘉手納空軍基地、ヴェトナム戦争中は米軍の最も重要な航空基地の一部だった。ゴールライン辺りを掘削したところ、作業員は大量のドラム缶を発見した。この時全部で二二本あったうちの何本かには、ダウ・ケミカル社の社名と、その工場の場所、ミシガン州ミッドランドと書かれていた。

枯れ葉剤に関する私のこれまでの調査と、沖縄のメディアを通じた報道がなければ、ドラム缶は撤去され、慎重な検討もなく廃棄されていたかもしれなかった。しかし今回の発見では、確実に警鐘が鳴り響いた。

発見されたドラム缶周辺から土壌と水質のサンプルが採取された。沖縄にはダイオキシン検査の施設がないため、サンプルは愛媛大学に送られることになった。日本におけるダイオキシン検査ではトップクラスの拠点である。三〇日後、その結果が報告された。

結果を待つ時間を利用して、七月中旬の土曜日の朝、私はサッカー場を訪ねた。若者たちが得点をゲットし、応援の家族から歓声が上がる、いきいきとした光景が繰り広げられていた場所は、今では陰鬱としていた。ドラム缶が掘り出された現場はブルーシートで覆われ、ピッチには警戒線が張られて、「立ち入り禁止」のサインが出ていた。

私は心配していた別の場所にも立ち寄った。サッカー場のフェンスの向こうは、米軍の基地内学校、ボブ・ホープ小学校とアメリア・エアハート中等学校だ。赤と黄色に塗られたジャングルジムがくっきりと視界に入り、私は容易にその様子を想像することができた。アメリカ兵の子供たちはそこによじ登り、肘や膝小僧を擦りむいたり、とっくみあいをしたりする、汚染の可能性のある泥にまみれて。有刺鉄線のフェンスは、地図上でサッカー場と学校を隔てているが、そんな境界など汚染には無縁のものだ。

七月いっぱい私は元米兵たちとともに、愛媛大学からの結果報告を落ち着きなく待った。これこそ私たちが追い求めてきた証拠となるのか――。しかし期待は大き過ぎないほうがよい、私は努めてそう考えた。

私の調査は、ヴェトナム戦争中の嘉手納空軍基地におけるエージェント・オレンジの存在を、説得力あるかたちで確実なものとしてきた。退役兵たちによれば、定期的に那覇港から駐留地にドラム缶を運搬していた。嘉手納の滑走路沿いやフェンス沿いを除草目的で噴霧したという者もいた。幼いころの面影を残した陸軍退役兵スミスには、一九六〇年代に枯れ葉剤を埋却した記憶があった。

こうした直接体験に加えて、一九六六年には駐留地での除草剤噴霧班の訓練報告や、Ｃ１２３

輸送機の防蝕処置が行われていたことを示す文書も採り上げた。唾棄すべき最たるものとして、一九七一年の嘉手納の除草剤備蓄について特記されていた、フォート・デトリック報告もあった。あえて反対する立場から見れば、二つの疑念が頭をもたげる。まず、沖縄市で発見されたドラム缶は胴体中央に帯がなかった。色で塗り分ける帯は、中に入っている枯れ葉剤の配合を判別する軍隊の標準的なやり方だった。しかし、サッカー場から発掘されたドラム缶の多くは、腐食が進み塗装はほとんど剥げ落ちていた。さらに、沖縄やヴェトナムを体験した米兵によれば、枯れ葉剤のドラム缶は何度も塗り直されたため、見分けるための標準のルールは当てはまらなかったという。

二つ目の疑問は、大きさにあった。軍用枯れ葉剤の多くは五五ガロン入りドラム缶（スコット・パートンの写真に写っていたようなもの）で運搬されたが、沖縄市のドラム缶は三〇ガロンの小型のものだった。

この表層的な矛盾を素早く指摘したのは、米軍内に流通する『スターズ・アンド・ストライプス』紙だ。二〇一二年、クリス・ロバーツと普天間飛行場のエージェント・オレンジ発見の記事を「検閲」した、あの新聞である。二〇一三年六月二八日、『スターズ・アンド・ストライプス』は「沖縄で発見されたドラム缶にエージェント・オレンジは含まれず　ダウ・ケミカル発表」と報じた。ダウの広報担当者リンダ・リムは、「日本のメディアが最近発表した写真のドラム缶の形状と目印は、エージェント・オレンジ輸送に用いられた型とは異なる」と語ったという。

化学物質に関するデータ処理が完了するよりも前に発表されたこの稚拙なコメントは、私や米国を拠点とする調査者への挑戦状をたたきつけるものだった。私たちは速攻で、このダウの見解に対する反証に着手した。

ミシェル・ギャッツ、恐れを知らぬ政府職員が、鉱脈を探り当てた。ギャッツは、米本国から東南アジアに送られた除草剤のカタログを掲載した、一九六六年の空軍文書を発見した。そこには文書の発せられた一九六六年八月よりも数週間前、ダウ・ケミカル社が一八六六本の三〇ガロン入りドラム缶の除草剤を、戦争遂行目的で輸出したとの記載が含まれていた。そのドラム缶の出所とは？　ミシガン州ミッドランド、沖縄市で発見されたドラム缶にステンシルで描かれていた、まさにその場所だった。

主要な疑惑はすべて晴れた。あらゆる証拠が、沖縄市のドラム缶には軍用除草剤が入っていたことを示している。それでも私は、愛媛大学の検査結果を待つまでは確信がもてなかった。

検査結果が証明した動かしがたい証拠

七月の終わりに、愛媛大学は検査結果を発表した。市営サッカー場の地中から発見された二二本のドラム缶すべてから、2,4,5-Tが検出された。米軍ランチハンド作戦で使用された枯れ葉剤の多くに含まれる典型的な除草剤の型であった。さらにすべてのドラム缶から、2,3,7,8TCDD　すなわち軍用枯れ葉剤の粗製濫造によって生み出された最も凶悪なダイオキシン、ハーヴァード大学の科学者が、「神経ガスよりも有害」と表現した毒物も発見された。

ひとつのドラム缶からは安全基準の八四〇倍に上るダイオキシンが含まれていた。付近から採取された水質サンプルからは法規制の二八〇倍の値が出た。

この時はどのドラム缶からも、2,4-D、すなわちエージェント・オレンジの主成分は発見されなかった。だが、これは驚くことではない。物質は、ドラム缶が埋められていた年月の間に生分解されていたと考えられるからである。

さらに検査では、数本のドラム缶からヒ素が検出された。この有毒物質を成分とするのはエージェント・ブルー、米穀を壊滅するため米軍が使用した除草剤で、第Ⅳ章で見たように、一九六一年一二月に国頭で、二頭の牛を殺傷したものと同じ有毒物質である。

愛媛大学の報告書は、現場に多種類の有毒物が埋められていたと結論づけた。明らかに米軍は有毒化学物質の処理に注意を払っておらず、米軍は沖縄全域を、ゴミ捨て場のように見なしていたのだろう。

二二本のドラム缶は、私が追い求めてきた証拠、米軍の枯れ葉剤が沖縄に存在していたという動かしがたい証拠であると言えそうだ。

ところが米国防省は、一戦交えずに降参する気はないようだ。

想定された反撃（バックラッシュ）

結果が発表されて間もなく、米国防省は「否定」に使ういつもの粉砕マシーンを起動しはじめた。

コメントを求めた私に対して、在日米軍司令部が示唆したのは、ドラム缶が一九八七年の土地返還よりも後に埋却された可能性だった。隣接する基地内の二つの学校の遊技場が汚染されている可能性について、学校に通う子供たち、親や教員に情報を提供したのかと尋ねたところ、彼らは私の質問を無視した。

自分の資金提供者のためとばかりにヤング博士の助言は素早いもので、沖縄市の検査結果は無視された。彼は『スターズ・アンド・ストライプス』に対し、「三〇ガロン入りドラム缶には、油脂分除去用の溶剤が入っていた。『ストッダード溶剤』と呼ばれる類いのものだ」とコメントした。そして、米国防省が彼をヴェトナムに派遣して喧伝させた時に使ったのと同じ弁解を、大急ぎで付け加えた。

「報道されているダイオキシンは、低温度でゴミを燃やした時に発生した灰に由来するもので、燃え残ったプラスティックの残留物によく含まれるものである。検査ではエージェント・オレンジの成分である2,4,5-Tと発表しているが、誤りであろう」

またヤング博士は、これは言い過ぎではないかと思うが、ドラム缶に「軍病院や食堂施設から出たごみ」が入っていた可能性を示唆した。

『スターズ・アンド・ストライプス』は、ドラム缶に台所のゴミが混入していたという彼の馬鹿げた推測に、質問を返すことができなかった。あるいは、彼が過去にこのドラム缶の製造元、ダウ・ケミカル社から資金提供を受けていたこと、こうした利害関係は明らかに情報公開の立場とは対立することも、指摘し損ねている。それどころか、『スターズ・アンド・ストライプス』は、二〇一三年八月一五日、彼のコメントに次の見出しを付けて発表した。

「専門家の見解　沖縄で発見された化学物質、エージェント・オレンジの可能性低い」

ヤング博士はさておき、世界中の科学者の研究界では、沖縄市のドラム缶は、この島における軍用枯れ葉剤の存在を示す、最終的とは言わないまでも、抗うことのできない証拠であると認められている。なかでもヴェトナムにおける米軍基地跡地の研究経歴を持つ北アメリカの科学者は確信を持っている。

そのひとり、カナダ人のウェイン・ドウェニチャックは、ヴェトナムのダイオキシン汚染ホットスポット（高濃度汚染地域）に関する調査歴一五年の科学者である。

「（愛媛大学の提供した）データと、ドラム缶に含まれていたＴＣＤＤの具体的な数値レベルは、沖縄におけるエージェント・オレンジその他の除草剤の存在を否認する米国防省の報告と完全に矛盾する」と、彼は述べた。

さらにドウェニチャックは、米国防省の否定を退けた。

「エージェント・オレンジの存在を繰り返し否定することは、問題となっている主要な成分、ＴＣＤＤの存在が明らかとなった今となっては、ほとんど意味がない。

逃れようのない事実は、米軍がかつて沖縄の嘉手納空軍基地であった土地に、ドラム缶入りの『不明の』物質を廃棄したこと、そのドラム缶には、戦時中の除草剤あるいは枯れ葉剤2,4,5-T、そしてダイオキシン中で最も毒性の高い成分であるＴＣＤＤが含まれていたこと、ＴＣＤＤは、それらの除草剤製品に由来するとわかっているということだ」

ボストン大学公衆衛生学の名誉教授リチャード・クラップも、ドウェニチャックの見立てに賛同している。

「沖縄のデータが正確ならば、ヴェトナムで収集した最近のホットスポットのデータに匹敵する。ダイオキシン値についていえば、検出された値の半分くらいでも、科学者なら充分に深刻な汚染であると考えるだろう」と、クラップは私に語った。

沖縄の検査を行った愛媛大学教授の本田克久のコメントは、クラップの発言と共鳴するものである。二〇一三年八月、本田は「今度沖縄で見つかったサッカー場の汚染というのは、まさに我々がヴェトナムで調べた水田に似ている。農薬と枯れ葉剤の汚染が入り混じった汚染のパターンに非常によく似ているんですよね」と、沖縄のテレビ局のインタビューに答えている。(注1)

(注1)「悲鳴をあげる土地1　沖縄とベトナム汚染の共通点」琉球朝日放送「ステーションＱ」二〇一三年九月一〇日放送。

ダイオキシン汚染はフェンスで囲えない

ドラム缶の発掘は、日本語圏では、沖縄の新聞やテレビのニュースが大きく取り上げたが、一方で汚染を察知する手がかりすら得られないでいた人びとが存在した。投棄場所に隣接する基地内学校に子供を通わせる親たちである。市営サッカー場は立ち入りが禁止されたが、有刺鉄線の向こう側の米国の子供たちは、足下が汚染されている可能性も知らずに遊び続けていた。嘉手納基地の担当官は、危険性について情報提供しようとすらしなかった。

親たちがようやくこの事実に気付いたのは、偶然の産物である。二〇一四年一月、最初の発掘から六カ月以上も経ったころ、たまたま英字新聞『ジャパン・タイムズ』に掲載されたこの問題に関する投書が、親たちのひとりの目にとまった。報道された記事内容は、すぐに米国人の親たちに拡がった。基地がこの問題を隠していたことに怒った彼らは、回答を求めた。元米兵たちと同じく、親たちはソーシャル・ネットワーキングを利用して組織をつくり、数日のうちに、八〇〇名以上のメンバーが集まった。

私の記事を読んだ母親たちの何人かが、私にコンタクトを取ってきた。こうして、私は彼らと話すため沖縄に飛んだ。

ジェニー・マイヤーズ、アメリア・エアハート中等学校に通う一〇歳の女児の母親がそのSNSサイトの発起人だった。沖縄市で会った時もまだ、彼女は耳にしたばかりのこの知らせに、ショックを受けた状態だった。

「米軍は事情を知っていたのに何カ月も放置していた、そのことが頭に来ます。なぜ親たちには情報提供しないでおこうと決めたのか、どうやったら正当化できるのでしょうか。子供たちを危険に晒しているかもしれない、そのことを警告するのは道徳的にも倫理的にも義務だと思います」

私が出会ったもう一人の母親は、三歳の娘をよく校庭で遊ばせているというティナ・イートンである。マイヤーズと同じくらい怒っていた彼女は、「ドラム缶が発掘されたことや、ダイオキシンが出るかも知れないという懸念は、すぐに、子供を学校に通わせている親たちや嘉手納基地のすべての人たちに知らせるべきことでした。度しがたいことです」と語った。

多くの怒れる親たちを前に、米国防省は腰を上げた。一月二八日、緊急集会で、第一八航空団司令官のジェイムズ・B・ヘッカー准将は、ボブ・ホープ小学校、アメリア・エアハート中等学校のすぐ隣で発見された汚染のことについて、夏の発覚の時点ですぐに周知すべきだったと認めた。だが、一〇〇名もの参加者を前に、彼は、基地が汚染されていた様子はなく、職員はみな、子供を危険に晒さないよう尽力していると語った。

集会のなかで、准将はドラム缶の危険性を過小評価することに躍起になっていた。エージェント・オレンジは入っていなかったとのアルヴィン・ヤングのコメントを引用し、ドラム缶は一九八七年の敷地返還後に沖縄人の作業員によって埋却されたのだろうと推測を語った。准将はまた、ドラム缶を空のトマト缶に例えたりしたのである。よくあるゴミと同じで、ダイオキシンはケチャップみたいに無害だと言わんばかりだった。

准将としては、上出来のつもりだっただろう。だが多くの親たちは、事実をありのままに受けとめた。愛国者であり、同時に、当局に対しては疑念を抱いていたこれらの親たちは、米国で私が出会った元米兵たちを彷彿とさせた。私がこれまで書いてきた沖縄におけるエージェント・オレンジの記事を熱心に読んだ彼らは、広報担当官の執務室へ雪崩れ込んだ。一九六六年の報告書、一九七一年の除草剤貯蔵、そしてアルヴィン・ヤングの嘘など数々の疑問をぶつけに行ったのである。

担当官は彼らの不安をなだめようとした。が、しかし間もなく、嘉手納基地の危機管理は、想定を上回る事態となった。

さらに五〇本以上のドラム缶と口を開いた退役少佐―ロナルド・トーマス

基地内集会の数日後、沖縄防衛局員は、さらに五〇本ものドラム缶を市営サッカー場の土中から掘り出した。これまでに掘り出されたドラム缶の数は、全部で八三本に上った。それ以前に発掘されたものと同様に、新しく出て来たドラム缶の何本かには、ダウ・ケミカル社のロゴが入っていた。

さらなる懸念は、発見されたドラム缶の多くは手つかずのままだったことだ。

二〇一四年一月三一日、小野寺五典(いつのり)防衛相はテレビのレポーターに答えて、政府はドラム缶の出所となった工場や、内容物の調査を行うと述べ、詳しい経緯は未だ明らかではないと付け加えた。

私の記事を読んだというひとりの元米兵が、連絡を取ってきた。米空軍退役少佐のロナルド・トーマスである。一九六〇年代、当時一〇代だったトーマスは、嘉手納空軍基地内で、高官だった父と一緒に暮らしていた。学校が休みのときにトーマスはアルバイト作業で、現在の基地内学校からほど近い場所に、定期的に空のドラム缶を投棄した、その場所は非公式のゴミ捨て場だったのだという。

「五五ガロン（二〇八リットル）入りのドラム缶や、ときには三〇ガロン（一一三リットル）入りのものもありました。化学物質の臭いがして、なかには『枯れ葉剤』『嘉手納空軍基地特別作業班所有』という白字のステンシルが付いているものもありました」

トーマスによれば、ドラム缶は埋却あるいは焼却され、沖縄住民に売却されることもあったという。彼の説明は、エージェント・オレンジの余剰は沖縄の民間人に取引されたという退役兵たちの証言と一致する。私に連絡を取る前に、トーマスは嘉手納空軍基地に情報提供しようと試みたが、黙殺されたという。彼には理由が思い当たる。

「パンドラの箱を開けたくないのです。米軍基地当局や日本政府は『問題はない』と言えればそれがよいからです」

だがパンドラの箱は開いた。その蓋には「ダウ・ケミカル」と書いてある。もはやこれを閉じることなどできはしない(*)。

（＊）その後二〇一四年一月に新たに発掘されたドラム缶から2,4-Dが検出されている。「枯れ葉剤疑い濃厚　主要二成分検出」『琉球新報』二〇一四年七月七日。「ドラム缶に枯れ葉剤成分　専門家『可能性高い』」『沖縄タイムス』二〇一四年七月八日。Jon Mitchell, "Agent Orange Ingredients

"Found at Okinawa Military Dumpsite," *The Japan Times*, July 11, 2014.

米国人の子供の病

米国人の親たちとのインタビューのなかで、私は気になる話を耳にした。在沖米軍基地に駐留中に、一〇人を超える子供たちが深刻な病を発症したというのである。その症状の多くはダイオキシン被曝を原因とすることで知られる、出生異常、自己免疫不全、小児がんなどだった。なかには病状が深刻で沖縄の基地内では受けられない治療のため帰国を余儀なくされた子供もいた。

二〇一一年から二〇一二年にかけて沖縄で暮らしたテリシャ・シモンズは、自分の子供の具合が悪いのは、基地の汚染が原因ではないかと不安に思っている。

「情報を私たちに隠すことが、我慢ならないのです。娘が骨腫瘍と診断され、息子は脳に嚢胞腫（のうほうしゅ）が見付かりました。それでもなお、知らされていません」

米軍は病気に罹った彼女の子供へのダイオキシン試験を拒否している。

八三本のドラム缶、嘉手納基地のもみ消し工作、病の子供たち。ここから明らかなのは、沖縄市のダイオキシン汚染には境界がないということだ。アメリカの人びとであろうと沖縄の人びとであろうと、フェンスのどちらの側にいても危険なのであり、この地域一帯の深刻な脅威が放置されている。

猛毒の遺産は生き続けている。その先に待つものは何か。事態をはっきりと理解するために、振り返って見る必要があるのは、沖縄を通過した枯れ葉剤が大量に備蓄された場所、ヴェトナムの中心都市・ダナンということになる。

ダナン市

私の枯れ葉剤調査が、沖縄とヴェトナムを結びつけるずっと前から、ヴェトナム戦争に関連したダナンと沖縄との因縁はよく知られていた。一九六五年、米国防省は、ダナンにある航空基地の防衛と称して、最初の海兵隊分隊を沖縄からダナンに差し向けた。戦闘が過熱するにしたがって、北ヴェトナムに最も近いこのダナン航空基地は、アメリカ軍きっての要衝のひとつとなった。激戦の最中、世界で最も激しく離発着を繰り返す空港として、その名を嘉手納と競い合っていたダナン基地を、米軍は爆撃、偵察、補給機の基地として使用した。そしてここは、ランチハンド作戦、すなわち枯れ葉剤作戦の要諦(ようてい)であった。

私は二〇一二年の夏にダナンを訪問した際、戦時中にヴェトナムに来て、退役後に余生を過ごすため再びヴェトナムに舞い戻ったという元米兵と会った。

元海兵隊員のチャック・パラッツォは、「ダナン航空基地はヴェトナムのエージェント・オレンジ備蓄の主要な拠点のひとつでした。この場所で飛行機に搭載し、撒布した機体を洗浄し、またドラム缶からの漏出も起こりました」と説明してくれた。

今では民間空港に転換したが、戦中に果たした役割の結果として、今なお、重度のダイオキシン汚染が残存している。ダイオキシンは通常、太陽光によって経年分解されるが、土壌に浸透すると、その毒性は一世紀に及んで保持される。沖縄市も同様のケースといえそうだ。

九月の蒸し暑い日、スクーターに乗ってダナン空港を通り過ぎると、私は塩素系化合物の腐臭に包まれた。

「汚染されているんです。湿気が多いとこの辺り一帯が臭いますよ」と、パラッツォは言った。ドウェニチャックら北米の科学者たちは、ダナン空港周辺で数多くのダイオキシン・ホットスポットを確認している。必然的にこれらのダイオキシンは、かつて基地があった場所の周辺で暮らす人びとの身体に摂り込まれた。埃と一緒に風で運ばれ、雨に流された結果、汚染は主として食物連鎖を通して起こった。ダイオキシンを含んだ重い土は、住民が魚やアヒルを飼い、レンコンを育てる湖底に溜まった。人びとはこれらの食糧と一緒にダイオキシンを摂取してしまった。

いったん体内に摂取された毒物は母親の母乳を通して子供に拡がった。調査によれば、ダナン住民には世界保健機構が定める安全値の、一〇〇倍を超えるダイオキシン値の人もいるという。この汚染が、地域の人びとの健康に壊滅的な影響を与えている。

私が出会ったＶＡＶＡ（ヴェトナム枯れ葉剤・ダイオキシン被害者の会）ダナン支部の職員たちの話では、市内でダイオキシン被曝の被害に苦しむ人びとは約五千人いると推定されるが、実態はもっと多いだろうということだ。これほど多くの人びとが糖尿病、出生異常、知的障がいに苦しんでいる。たった一カ所の支援センターで、幼年世代から三〇歳代の大人まで、数百人のダイオキシンによる障害に苦しむ人たちの手当を担っていた。働ける人は、造花作りをしていた。彼らの健康を蝕んだ物質の除草特性のことを思えば、あまりに悲しい皮肉と言える。

被害者の困窮は目を覆いたくなるほどだ。親たちは病気の子供の世話に二四時間かかりきりで、働くこともままならない。これが人類史に刻まれた大規模な化学兵器戦争の生きた証左なのである。そしてこの人びとを汚染した化学物質が、沖縄から運ばれたことは、もはや明白なのだ。

長年、ヴェトナム政府は、三〇〇万人と言われるダイオキシン被害者と、米国が放置してきた汚染の浄化に、米国の援助を要請してきたが、米国政府はこれを繰り返し拒み続けてきた。二〇一二年になってようやく、米国政府が約束したのは、三年以上かけて四三〇〇万ドルを拠出して行う、ダナン空港のダイオキシン汚染からの回復支援だった。汚染の規模を考えれば、この金額は屈辱的ですらある。イラク戦争で一日につき七億二千万ドルをかけたことと比べてみればよい。米国防省はいつも、次の戦争に金をつぎ込みたいばかりで、過去に犯したことの後始末には知らんぷりだ。

エージェント・オレンジの危険性に関する米国政府の相も変わらぬ情報操作の証拠が、ダナン空港の浄化に対する姿勢だろう。あくまで環境保全に係る計画であることを強調し、ＶＡＶＡが運営するケア・センターの人びとが苦しめられている病気など、ダイオキシンが人体に与える被害への認知は拒絶したのだ。

そして浄化開始までの数年間、米国防省は例によってあの御用学者を繰り出した。元米空軍所属のヤング博士だ。彼はアメリカの化学兵器作戦とヴェトナムにおける高レベルのダイオキシンには何の因果関係もないと講演した。ここでもヤング博士は、世界中の専門家がその関連性を認めているなか、ダイオキシンのホットスポット、エージェント・オレンジ、そして地元住民の健康問題との関連性は疑わしいとの発言を行っている。

ヴェトナムには、米軍のエージェント・オレンジ備蓄の結果、二〇カ所に上るダイオキシンのホットスポットが存在している。沖縄を経由して運ばれた大量のドラム缶、備蓄・散布が明らかな多数の基地のことを考えれば、沖縄市のみならず、沖縄全土に、同様のホットスポットが数多く存在する疑いは濃厚だろう。なかには今もなお米軍に占有されている場所や、間もなく返還され民間利用が予定されている場所、すでに返還された場所もあるだろう。

こうした場所は、沖縄では誰もが知っている何トンもの沖縄戦の不発弾に匹敵する、危険な毒物の時限爆弾なのである。この先、返還される土地が拡大するにつれて、ますます多くのホットスポットが発見されることになるだろう。

知らされないことの恐怖

沖縄市のコザ運動公園サッカー競技場の汚染が、ダナンの状況に似ているという科学者の想定を踏まえれば、サッカー場の付近に住む沖縄住民や、ここで競技をした何千もの人びとが受けた影響はどれほどのものだろうか。さらに、おそらくもっと規模の大きな廃棄ホットスポットの近隣に暮らす住民の健康はどうなのだろうか。

グアムやダナンの住民と土地を悩ませた汚染は、恐ろしいものだったとはいえ、沖縄に暮らす人びとと比較すると、ある側面では幸運だと言える。ヴェトナムでは、ドウェニチャックらの土壌調査があり、ホーチミン市のトゥーヅー病院に勤めるフォーン博士ら専門家による健康診断などの科学的な調査により、汚染問題が周知され、少なくとも理論上は、曝露を最小限に食い止められた。

しかしこうした手順が沖縄で行われたことはない。その上、日本には疾病情報を集約して病因を把握するための有効な拠点がなく、例えば元軍雇用員などからデータを集約する試みは行われていない。沖縄県自体も、広範な健康調査の実施を忌避しているが、これはいわゆる、風評被害を恐れてのことなのだ。

組織的な調査がなければ、沖縄の住民への健康被害を確認する唯一の方法は、非公式な直接の聞き取りとなる。私は、東村高江で地元住民から話を聞き、名護市では、近隣住民の体験した健康問題について教えられた。これでは表層をほんの少しひっかいたに過ぎない。必要な取り組みは、沖縄市や枯れ葉剤の散布・備蓄・埋却が疑われている地域の住民に対する、県レベル、国レベルの調査である。

とくに調査者は、糖尿病、脊椎披裂(せきついひれつ)（二分脊椎症(にぶんせきついしょう)）、口蓋裂(こうがいれつ)、知的障がいなどダイオキシン関連といわれる症状を、いつでも発見できる態勢が必要だろう。これらはヴェトナムのエージェント・オレンジ被曝者の子供たち、ヴェトナム戦争中に東南アジアに駐留した米退役兵の子供たちに広く見られる障がいである。

現在のところ、軍用枯れ葉剤の使用と、沖縄の健康問題との間に直接の相関関係を描くことはできない。だがそれは、問題が存在しないからではなく、調査が行われてこなかったからだ。こんなふうに不安にいつまでも執着するのは迷惑なのかもしれない。福島第一原子力発電所の影に脅えて暮らす家族にも同じことが言われている。

だがいま沖縄住民は、汚染された地域とそうでない場所を確かめる方法もないまま闇に放置されており、親たちは、一〇年後にダイオキシン被曝の症状が出るのかどうか、不安に苛まれながら子育てをしているのだ。

冷血の経済学

一九六一年以来のエージェント・オレンジをめぐる米軍の「嘘」の要因を総体的に考えると、「冷血の経済学」に行き着く。米国の退役兵やヴェトナムの人びとへの補償にせよ、あるいは汚染された危険な土地の浄化費用にせよ、米国政府は手段の限りを尽くして、賠償責任を抑制しようとする。汚れた手を洗って自分だけさっさと逃げようとする米国政府という点で、沖縄にはさらに厄介なハードルが立ちはだかる。すなわちＳＯＦＡ（日米地位協定）である。

日本に返還される施設・土地について、米軍の使用に供される以前の状態に回復する義務や弁償の義務は、米国にはない。ＳＯＦＡは片務協定である。浄化費用の負担は日本の納税者に負わされる。それは二〇〇二年、北谷町で一八七本のドラム缶が発見された時の例で明らかだ。米国は当初、米軍のものであることを認めず、最終的に事実を認めた後も、自分たちの廃棄物に対する責任を負わなかった。浄化費用は二千万円に上り、すべて日本政府が負担した。

この原稿を執筆している時点で、沖縄市のサッカー場の調査費用は五三〇〇万円と試算されている。この金額には汚染された土壌の回復費用は含まれていない。

普天間飛行場が返還された場合の回復費用を、専門家は六億ドルと見込んでいるが、この見積を出した計算式はエージェント・オレンジの存在を想定していない。再計算すれば、おそらく一〇億ドルに達することだろう。

私の沖縄エージェント・オレンジ捜査は、まったく新しい段階に突入したといえる。小さな高江の集落で、除草剤が使用されたという噂にはじまり、いまや地政学規模の結論に発展してしまった。米国が沖縄における軍用枯れ葉剤の使用を認めたなら、日本政府は米国政府に対して、浄化費用の資金提供を迫るだろう。これは日米地位協定の基盤を崩し、日本は現行協定の変更を検討するよう舵を切るかもしれない。地位協定は、過去五〇年以上も、米国の優位を決定づけてきた。日本は占領下も同然という人もいる。地位協定が犯罪を犯した米兵の訴追を免れる盾となっているのは、その良い例である。いかなる形であれ地位協定の壁を突き破ることができれば、日本における米軍基地のプレゼンス全体の変容の先鞭を付けることになるだろう。

エージェント・オレンジ問題は米国防省の固い装甲にひびを入れてきた。この問題は、「嘘」で塗り固めた壁の向こうにしまい込まれていたのだ。沖縄におけるエージェント・オレンジの使用は犯罪である。私は常にそう意識してきた。

過去五〇年間、米国政府は嘘と煙幕によってあらゆる足跡を消し去ろうとしてきた。元米兵と沖縄の人びとへの賠償もさることながら、真実の代償、すなわち環境浄化に数十億ドルを負担せよと迫る責任追求に恐れをなして、詐欺的行為に拍車がかかったのではないだろうか。

費用負担の上に、沖縄におけるエージェント・オレンジ使用の事実を認めることの余波は地球規模に及ぶ。大いに喧伝されるアジアへの方向転換の取り組みの最中にあって、日本との関係に与える打撃は、米国政府の存立基盤にも関わるのである。

元米兵たちにこの話題を投げかけると、ひとりが頷いて皮肉な笑いを浮かべながら言った。

「そんな端金（はしたがね）のせいでみんな殺されたのか」

彼の言うことはもっともだ。

ただし米国防省は、彼ら証言者を排除するために、ヒットマンを雇ったり、無人戦闘機（ドローン）を呼び出して攻撃する必要はない。何十年も前から、彼らはすでに致死量の毒を盛られているのだ。真実は、この男たち女たちが墓場まで持って行ってくれる、米国政府はそう願ってきた。とにかく、否定し続け、嘘をつき続け、エージェント・オレンジ問題が自然消滅してくれるのを待っていればよいのだ。

しかし、私たちの辛抱強い捜査、記録の上に残してしまった足跡、沖縄市の地中に埋もれたドラム缶の出現は、米国にとって想定外だった。

◆――エピローグ

正義への道

米国政府は変わる見込みのない相手ではない。一九九一年、長年にわたる否定のあと、ヴェトナムでエージェント・オレンジに被曝した米軍兵士への支援を決定した。二〇一〇年、軍用除草剤の備蓄・使用を認定した地域のリストに、タイが、その翌年には朝鮮半島の非武装地帯が追加された。充分な力があれば、米国防省は沖縄におけるエージェント・オレンジの存在を認めるだろう、私はそう信じている。

メディアは伝統的に、この種類の力を発動させるカギを握ってきた。一九六六年のバイオネティクス社によるダイオキシン報告書の情報漏洩で、米軍はエージェント・オレンジ使用禁止に追い込まれた。同様に、一九六九年の知花弾薬庫の事件を報道した『ウォールストリート・ジャーナル』の記事が、沖縄からの毒ガス撤去につながった。

だが今では、調査報道の最前線に立ってきた多くの新聞は、倒産の危機に瀕して独立性を保つのが難しい。企業利益が国家の政策と癒着(ゆちゃく)する傾向が、軍隊や大会社のニュース・リリース(当局発表)をそのままカット＆ペーストするだけのような報道姿勢を、ますます助長している。

そんなメディア状況の中で、今回の私の「捜索」は、思えば新しい形式のジャーナリズムの創出であった。インターネットの新しいテクノロジーを利用すれば、世界各地に何百人もの調査者を派遣するかのような機動力を持つことになる。年齢層、国籍、出自や政治的信条を問わず多数の人びとの収集する情報が一カ所に集まり、ネット上にいわば巨大な情報のクラウドソーシングを構成した。こんな風にたくさんの人びとが結束するようになれば、米国政府もどんな政府も、秘密を保持することなどできないだろう。

はじめて高江でエージェント・オレンジのことを知ったのは、二〇一〇年、あの時私は三五歳だった。あれから四年が過ぎて、私の髪には少しだけ白髪が混じり、沖縄を占領し続ける米軍の暴力性の深刻さもわかるようになってきた。この占領状態が、自国の兵士たちと、日本の民間人の健康を犠牲にしている。果ては自分たち自身の子供の生命をも脅かそうとしている。

沖縄市の埋却現場のすぐそばにある、ボブ・ホープ小学校やアメリア・エアハート中学校に通う子供たちのことを考えてみればよいだろう。沖縄の占領に正統性がないことは議論の余地などない。この占領は触れるものすべてを害している。そこには沖縄かアメリカかの区別もない。

米軍と、日本政府に対する激しい怒りを覚えつつも、この四年間で私は、人びとの力と善良さへの確信を強めた。周囲の人びとの支えに、何度涙を流したことだろう。家に招き入れ、そして心を開いてくれた元米兵たちの優しさ。下手な日本語で躊躇するような質問を繰り出す私に、我慢強く耳を傾けてくれた沖縄の人びと。こうした多くのみなさんのおかげで、私は調査を続けることができた。

よくやったことへの報い

二〇一三年一〇月二一日、米国政府が、沖縄におけるエージェント・オレンジ備蓄を認知する方向に向かう、その兆しが見えた。一九六七年から一九六八年にかけてこの島でエージェント・オレンジ被曝をしたという海兵隊員に新たに補償請求を認定したという記録が、退役軍人省のオンライン・アーカイヴの奥深くから発見されたのである。

退役軍人省の文書によれば、この氏名不詳の海兵隊員は、那覇軍港とホワイトビーチ、そして嘉手納空軍基地にある倉庫との間を輸送中、ドラム缶のエージェント・オレンジに接触したと主張していた。また、彼は北部訓練場で、枝葉が繁茂するのを抑えて森林火災の危険を防ぐ目的から、枯れ葉剤を散布したとも証言している。

この元海兵隊員は、ドラム缶の中央に描かれたオレンジ色の帯から言うまでもなく明らかなその内容物を特定することができた。

元米兵は、二〇〇四年に最初の補償申請を行っているが、即座に却下された。一〇年後の二〇一三年一〇月、彼は裁定を勝ち取った。曰く「当該退役兵は、当該地域において、当該時期に、軍務の執行中に直接被曝したことについて、信頼性が高く、矛盾のない証明を提示した」

何千件もの却下を繰り返して来た退役軍人省が、この申請を認定することに転じたのはなぜなのか。裁定によれば、軍の公文書と併せて、事情聴取中にこの退役兵が提示した新聞記事が根拠となったという。そう、私と世界中の調査仲間たちによるこの積年の成果が、ついに一人の男の人生を変えたのだ。

裁定は、あのアルヴィン・ヤング報告書をものともせずに発せられた。米国防省が真実を抹消しようと目論んでも、米国政府の決定は報告書の中身の方を無効としたのである。

軍用犬の訓練施設の技官だったドン・シュナイダーは、この勝利の報告に大いに喜んだ。

「これは退役兵たちみんなを勇気づけるニュースだ。退役軍人省は私たちの正当な要求を拒み続けてきたが、この決定は、ゆくゆくは沖縄のみなさんにとっても同様に意義あるものになるでしょう」

彼のこの言葉は、私がインタビューを重ねてきた病の元米兵たちや沖縄住民たちの思いを反映するものだろう。ついに、米国政府による裁定が、政府自らの嘘に突破口を開いた。これから真実が洪水のように押し寄せるのは間違いない。

最後[期]のことば―ジェリー・モーラーの手紙

《沖縄のみなさん

沖縄が好きなのは、今にはじまったことではありません。一九六一年に島を離れてからずっとこの気持ちを持ち続けて来ました。沖縄のみなさんに、この想い出への感謝を、孤独な海兵隊員でも歓迎されていると思えたことへの感謝を伝えたい。あの頃、冷酷な世界から皆さんの美しい場所を守るために、私にも何かできることがあったなら。

みなさんの島に行き、一年かそこらを過ごし、私たちのせいでみなさんに迷惑をかけたことなど考えもせずに故郷に帰還する、私もそのような数多くの者のひとりであったことを、おわびします。一九六〇年と一九六一年の沖縄は、現在とはまったく違うでしょう。私は今も当時のままに思い出します。安慶名の小さな集落でステキな家族に受け入れてもらいました。ムーンビーチや石川ビーチで泳いだり、コザBCストリートで未来の妻にオルゴールを買ってあげたり、一九六一年には二つの台風の難を逃れたのはもう何年も前のこと。

素敵な想い出と沖縄への愛を手に入れたのは、そのような時代でした。

私は今、エージェント・オレンジ被曝による病に冒されています。私は、私の政府が持ち込んだ物質によって、沖縄で被曝したのです。

現在、沖縄が私と同じように、この過ちの代償を背負わされているとわかりました。私の政府が行ったことに、私も加担したのだと思います。

だから、正しいと思うことをみなさんに対して行うのに、これほど長い時がかかってしまったことをおわびします。私は今、私たちが行った過ちのすべてを正すよう、私の政府に促すことに努めています。

二〇一二年四月二二日　ジェリー・モーラー》

海兵隊員であったジェリーは、キャンプ・コートニーの近く、現在のうるま市でアメリカの軍用除草剤を噴霧していた。その結果、彼は肺線維症、有毒化学物質の被曝が原因で起こる肺の瘢痕化を患った。

ジェリー・モーラーは二〇一三年九月七日に逝去した。

米国政府がジェリーを死に追いやった。同じくカエテやスコット、L・E、数えきれないほど多くの人びとを死なせた。米国は沖縄での犯罪、そして日本政府を共犯者にしたことに対する責任がある。

あまりに多くの死が、この惨禍の罪を償わないことを許さないのである。

米国防省がどんなに深く埋めようとしても、隠すことができないものがある。それが真実だ。

二〇一四年九月一日

ジョン・ミッチェル

◆——訳者あとがき

阿部　小涼

本書は、ヴェトナム戦争時に用いられた軍用除草剤が、沖縄で備蓄、使用、廃棄されたという事実について、病害を被った退役米兵たちの証言を手がかりとして明らかにするものだ。数々の証言を前に、いまだにこれを認定しない米国と追従する日本に向けて発せられた警告の書である。

「枯れ葉剤」と「散布」

本書の訳出に当たり、枯れ葉剤の名称に注意を払ったことは凡例に示した通りである。一九六〇年代を経て、有害化学物質との認識が広まるに至った軍用除草剤が、日本で「枯れ葉剤」問題として定着し関心を広げたのは、おそらく一九八〇年代に入って、中村梧郎著『母は枯葉剤を浴びた』（初版一九八三年）の成果によるところが大きい。作戦に使用された数種ある農薬のなかで最も毒性の高いエージェント・オレンジはその代表的な薬剤として包括的に「枯れ葉剤」と紹介されてきた。

「散布」（spray）という語も検討した。ヴェトナムの戦場での「撒布（さっぷ）」が、航空機からたなびく霧の俯瞰（ふかん）写真で知られるあの光景ならば、沖縄で起こっていた被曝は、人間的でごく日常的な「噴霧」という作業を介して起こった。タンク付きバックパックを背負った噴霧作業、トラックから散布する定期的なメンテナンス、ドラム缶を船から積みおろす荷役（にえき）、そして地面を掘って埋却する廃棄物の処理……。あまりに身近に接したために「発見」されなかった。

著者のジョン・ミッチェル氏が積み上げた証言報道にもかかわらず、さらに沖縄市のサッカー場から次々と発掘されたドラム缶を前にしてもなお、沖縄における枯れ葉剤の存在について、日米政府は「文書の証拠がない」と繰り返している。「農薬だが、枯れ葉剤とは確認できない」という回答が、まったくの詭弁であることは、言うまでもない。重要なのは「枯れ葉剤」であると認定することではなく、有害な化合物があり、それに被曝して健康を害し救済を必要としている人がいるという事実であろう。

確固たる証拠とは何なのか。専門家たちが「決定的」と見なす枯れ葉剤の主要成分が発見されたにもかかわらず、政府はこれを認めようとしない。ヴェトナム戦争のあらゆる物資を取り扱ったと主張する在沖米軍の自家撞着、自己矛盾が露呈している。エージェント・オレンジが「あった」ことを示す文書がないのではない。エージェント・オレンジ「だけはなかった」ことを、当局は示すことが出来ないのだ。ところが被害者は「干し草の山に埋もれた一本の針」を探し出すような証拠の発掘を迫られる。文書とその解釈の権限を掌握する国が、個人に立証責任を迫る。情報を支配する権力化した国家の姿がここにある。

誰もがその存在を知っていたのに、認識されるのに多くの時間と悲惨が費やされた二〇世紀の被害。このように見れば、本書が提起しているのは、ヴェトナム戦争と枯れ葉剤の問題に限られない。例えば、性の自己決定権を損壊した「従軍慰安婦」の経験との共通性に思い至るだろう。また、同じ放射線による被曝体験であるのに、民生・平和利用の名の下に核兵器とは認識的に隔てて考えることを許してきた原子力発電の問題もしかりである。

私たちは「ただちに健康に影響はありません」という当局の命令で恐怖に蓋(ふた)をし、緩慢な死を刻印されてきた。風評や差別を予感する心性が、危機を感知するカナリアの死に目をつぶってきた。ほかにもある。賠償金を真実の追究に優先することは、生存という必要性を質に取られてしまうために起こる被害者疎外の典型だろう。水俣病をはじめとする数々の公害訴訟で、認定や和解をめぐり避けて通ることのできない壁が、その狭間(はざま)で長期に及んで苦しめられる人びとを生み出してきた。

だが、その壁を突破して声を上げてきた人びとがいたことも、私たちは思い起こすことが出来るのである。

ジョン・ミッチェルと沖縄

ウェールズ出身のジョン・ミッチェル氏が大学時代に修養したアメリカン・スタディーズという分野は、人文社会学や批評理論を架橋する学際的な探求の学問である。米国の公民権運動以後、人種マイノリティ集団の歴史や現状に学び、運動の成果によって洗練されてきた。そのような学知に触れた氏が沖縄の米兵という取材対象に出会ったことは、ある意味では必然といえる。

訳者は、二〇一〇年一二月の夜、暴動から四〇年の節目を迎えたコザの路上でまったく偶然に氏と出会った。氏は一九七〇年当時MPとして勤務した退役兵を伴って、フェンスの向こう側からコザの足跡をたどる取材の途上であった。その後の氏と沖縄の交流からもたらされたのが、二〇一一年四月一二日、『ジャパン・タイムズ』紙に掲載された最初の記事「沖縄におけるエージェント・オレンジの証拠」を皮切りとする、沖縄における枯れ葉剤の調査報道である。新聞記事、ウェブジャーナル「ジャパン・フォーカス」への寄稿など、圧倒的なそれらの記事については、氏のサイトを参照されたい（http://www.jonmitchellinjapan.com/）。直裁にして簡潔な文体と硬質の言葉を通して、この問題に向き合う氏の姿勢に触れることが出来る。

被害を受けた人びとの聞き取り、被害を証明するための根拠文書の探索、報道を通じた情報のアップデートと公表、その継続的な取り組みが目に見えることによって、さらに多くの当事者たちにスピークアウトする勇気を促す。これが氏のジャーナリズム、調査報道を貫くスタイルとなって結実している。

沖縄の反基地運動は反軍事主義に貫かれている。そのことが、フェンスのなかから正義を追求する米兵と出逢うことの難しさにもなってきた。果敢にも、その両極をつないだのが、ジョン・ミッチェルの沖縄枯れ葉剤報道であった。

沖縄枯れ葉剤問題の現状

そのジョン・ミッチェルがこじ開けた窓を、具体的な連携につないだのが、沖縄・生物多様性市民ネットワークである。河村雅美氏を中心に積み上げられた意見表明、必要な資料の翻訳と公開、専門家との連携、市民と第三者機関による透明性の高い調査、公的機関に責任を果たさせるための取り組みは、これまでにない市民参加の成果を挙げている。沖縄の枯れ葉剤問題の現状については同ネットワークのブログに詳しいので、ぜひ参照していただきたい。

本書でもとり上げられている沖縄市サッカー場に続いて、二〇一四年には西普天間地区からも不明のドラム缶が発掘されている。すでに返還された跡地、現在提供中の地域を問わず、埋却された軍隊による深刻な環境汚染が、土中で解決の光が当てられるのを待っている。

この上、新しい軍事施設をつくることによって、次の世紀を超えるような負の遺産を新たに生みだそうとする罪科を、現在のいったい誰が引き受けることなど出来るのか。未来の瓦礫(がれき)をつくりださないために、今日の私たちに出来ることがある。本書はそのような倫理的な責任を引き受け、立ち上がって証言をした多くの人びと、そして、これから新たに証言をする人びとから、私たちに宛てられた正義のつくり方教本でもある。

◇——本書関連参考資料

※日本語文献

北村元『アメリカの化学戦争犯罪—ベトナム戦争枯れ葉剤被害者の証言』梨の木舎（二〇〇五年）。

原田和明『真相日本の枯葉剤—日米同盟が隠した化学兵器の正体』五月書房（二〇一三年）。

中村梧郎『新版・母は枯葉剤を浴びた』岩波現代文庫（二〇〇五年）。

中村梧郎『グラフィック・レポート戦場の枯葉剤—ベトナム・アメリカ・韓国』岩波書店（一九九五年）。

坂田雅子『花はどこへいった—枯葉剤を浴びたグレッグの生と死』トランスビュー（二〇〇八年）。

西村洋一『ベトナムの枯葉剤—ダイオキシンを追いかけて』ミヤオビパブリッシング（二〇〇九年）。

※参考サイト

Agent Orange Okinawa（ジョー・シパラの立ち上げた Facebook 内のページ）

https://www.facebook.com/pages/Agent-Orange-Okinawa/205895316098692

Agent Orange（クリス・ロバーツのサイト内のエージェント・オレンジ関連情報）

http://www.kriseroberts.com/agent_orange.htm

Agent Orange Guam（「ヴェテランズ・インフォ」サイト内のグアムのエージェント・オレンジ関連情報）

http://veteransinfo.org/guam.html

沖縄・生物多様性市民ネットワークのブログ

http://okinawabd.ti-da.net/

ジョン・ミッチェル（Jon Mitchell）
1974年ウェールズ生まれ。ジャーナリスト。明治学院大学国際平和研究所研究員。1998年に来日以後、平和運動、人権問題、軍隊による汚染問題などを取材。沖縄の枯れ葉剤報道は『ジャパン・タイムズ』『沖縄タイムス』『琉球新報』の各紙に掲載、またその取材を元に2012年に製作された琉球朝日放送の番組「枯れ葉剤を浴びた島：ベトナムと沖縄・元米軍人の証言」は、日本民間放送連盟賞テレビ報道番組優秀賞を受賞。
http://www.jonmitchellinjapan.com/

阿部　小涼（あべ・こすず）
琉球大学法文学部教授。専門はカリブ海域地域研究、アメリカ研究、カルチュラル・スタディーズなど。

追跡・沖縄の枯れ葉剤
―埋もれた戦争犯罪を掘り起こす

●二〇一四年一一月一〇日――――第一刷発行
●二〇一五年　二月二〇日――――第二刷発行

著　者／**ジョン・ミッチェル**
訳　者／阿部　小涼

発行所／株式会社 **高文研**
東京都千代田区猿楽町二―一―八
三恵ビル（〒一〇一―〇〇六四）
電話03＝3295＝3415
http://www.koubunken.co.jp

印刷・製本／三省堂印刷株式会社

★万一、乱丁・落丁があったときは、送料当方負担でお取りかえいたします。

ISBN978-4-87498-556-4　C0036